U0416225

奋斗者的窘境

DO NOTHING

How to Break Away from Overworking, Overdoing, and Underliving

我们为何“躺一下”才能走得更远

[美]塞莱斯特·海德利（Celeste Headlee）◎著

冠雅◎译

机械工业出版社
CHINA MACHINE PRESS

在现代生活中，我们对工作和效率过度的、不健康的追求，让人筋疲力尽、迷失方向，而与真正的创造、健康和幸福越来越远。本书从根本上破解了这一误导性的社会文化，从 200 年前的工业革命，到生物进化史中不变的人性，再到如今人们的种种错误信念，本书提供了十足可信的“躺一下”的理由。同时，这也是一部实用的操作指南，帮助读者摆脱为了繁忙而繁忙的负面状态，回归积极向上的生活。

北京市版权局著作权合同登记 图字：01-2022-0790 号。

图书在版编目（CIP）数据

奋斗者的窘境：我们为何“躺一下”才能走得更远/（美）塞莱斯特·海德利（Celeste Headlee）著；冠雅译. —北京：机械工业出版社，2022.5

书名原文：Do Nothing: How to Break Away from Overworking, Overdoing, and Underliving

ISBN 978-7-111-70638-0

Ⅰ. ①奋…　Ⅱ. ①塞…　②冠…　Ⅲ. ①成功心理－通俗读物　Ⅳ. ①B848.4-49

中国版本图书馆 CIP 数据核字（2022）第 079436 号

机械工业出版社（北京市百万庄大街 22 号　邮政编码 100037）

策划编辑：廖　岩　　责任编辑：廖　岩

责任校对：李　伟　　责任印制：张　博

北京汇林印务有限公司印刷

2022 年 9 月第 1 版第 1 次印刷

145mm×210mm・8.125 印张・3 插页・166 千字

标准书号：ISBN 978-7-111-70638-0

定价：59.00 元

电话服务

客服电话：010-88361066

010-88379833

010-68326294

网络服务

机　工　官　网：www.cmpbook.com

机　工　官　博：weibo.com/cmp1952

金　书　网：www.golden-book.com

机工教育服务网：www.cmpedu.com

致特丽莎，我的头号粉丝和最好的朋友

本书的赞誉

“塞莱斯特·海德利通过深入的研究和令人回味的故事，向我们展示了如何从持续的压力中获得解脱，并过上我们真正想要的生活。”

——阿里安娜·赫芬顿（Arianna Huffington），繁荣全球（Thrive Global）公司的创始人兼CEO

“尽管工作比以往任何时候都更努力，但人们从未像现在这样沮丧、焦虑和不幸。毫无疑问，我们的现代生活方式是行不通的。事实上，它正在杀死我们。但该怎么做呢？海德利用智慧和同情心描绘了现实的解决方案，帮助我们打赢这场与技术革命之间的健康和人性保卫战。能读到本书我心怀感激，它履行了重获美好生活的诺言。”

——伊丽莎白·吉尔伯特（Elizabeth Gilbert），《去当你想当的任何人吧》（*Big Magic*）和《一辈子做女孩》（*Eat Pray Love*）的作者

“塞莱斯特·海德利充分论证了生产力并非固有美德的观点——如果你不小心，它可能成为一种恶行。如果你曾经不得不

加倍努力工作，受到本书的感召，你将学着更聪明地工作。有时事半即可功倍。”

——亚当·格兰特（Adam Grant），《纽约时报》畅销书《离经叛道》（*Originals*）和《沃顿商学院最受欢迎的成功课》（*Give and Take*）的作者，TED 播客节目《职业生涯》（WorkLife）的主持人

“当许多人感到工作过度、不堪重负，并沉迷于忙碌和无处不在的高科技产品时，塞莱斯特·海德利提供了一条出路。本书以广泛的研究和作者自己的经验为基础，有力地提醒人们，留些时间停下脚步、与他人联系、建立真正的纽带，对构建社区、培养同理心，并最终获得快乐至关重要。”

——布丽吉德·舒尔特（Brigid Schulte），纽约时报畅销书《不堪重负》（*Overwhelmed*）的作者，新美国美好生活实验室主任

“我需要这本书。很有可能你也需要这本书。塞莱斯特·海德利的《奋斗者的窘境》令人惊叹。她与这个忙乱、高压的时代作斗争，并使我们注意到那些让生活更美好的事物：联系、经验、自我关注。最重要的是，她提醒我们要享受生活本身。”

——贾里德·耶茨·塞克斯顿（Jared Yates Sexton），《他们想让我成为的人》（*The Man They Wanted Me to Be*）的作者

“本书发人深省、研究透彻，塞莱斯特邀请读者一同抵制‘我太忙了’的说辞，发现成功的真正意义。”

——劳拉·范德卡姆（Laura Vanderkam），《下班时间》（*Off the Clock*）和《时间管理手账》（*I Know How She Does It*）的作者

“本书诚实得令人心碎而又抱有希望。它是那种一旦读起来就会倾听和接受的精品，即使它颇具挑战性。本书的调研透彻却不说教或沉闷，将有助于我们所有人取回一点点的人性。”

——娜塔莉·科根（Nataly Kogan），《当下更幸福》（*Happier Now*）的作者

“本书对话式的口吻让读者沉浸其中，也指引着人们将目光投向那些更有意义的事。”

——《书单》（*Booklist*）

“这既不是一本自助书，又不是一本提供不同工作习惯的指南。相反，海德利在历史和科学研究的基础上系统地解构了奋斗文化的副作用，帮助读者质疑他们过度工作的习惯和冲动。”

——行业分析杂志《货架意识》（*Shelf Awareness*）

引　言

也许有人会说，休闲时间少是工人们所乐意的，若他们在一天24小时之中只工作4小时，就不知道其余时间干什么好了。如果这种说法在现代世界中是正确的，它就是对我们今日文明的谴责，其实即使在过去这种说法也是不对的。过去人们有时间休息，而现在由于讲究效率，对此就有一定的抵制。现在的人认为做任何事都是另有企图和目的的，绝不是为事情本身而做的。

——伯特兰·罗素，《闲散颂》，1932年

（Bertrand Russell, "*In Praise of Idleness*"）

我们在周日晚上回复工作邮件；无休止地阅读那些教导我们开发大脑以提高生产力的文章；社交媒体上发布的照片必须经过裁剪和滤镜以获得认可；只阅读那些有趣文章的前几段，因为我们没有时间阅读全部内容。我们有着过多的工作和过大的压力，永远不知足、不满意，并追逐着不断提高的标准。我们是“效率邪教”的成员，正在用生产力杀死自己。

引言开头的那段话写于1932年，之前的1929年股市崩盘引发了经济大萧条。罗素对“效率邪教”的描述早于第二次世界大

战、摇滚乐的兴起、民权运动和 21 世纪的曙光。在我看来，更重要的是它早于互联网、智能手机和社交媒体的诞生。

换句话说，创造“效率邪教”的并不是技术，技术只是融入了现有的文化。世世代代，我们在狂热工作的同时让自己苦不堪言。我们一直以来奋发蹈厉，却忘记了初心，不再“无忧无虑”。

更重要的是，我们孤独、病态、自取灭亡。每年都有新的调查显示焦虑和抑郁的人日趋增多。现在是时候停止眼睁睁看着形势向错误的方向发展，然后绝望地举手投降了；到了找出问题所在的时候了。

在我的一生中，我一直在**奋勇前进**，这个词从小学开始就伴随着我。

奋勇前进并不总是一种赞美，特别是用来描述一个女性时。**奋勇前进**——这个词不同于雄心勃勃，与**积极进取**也略有差异。实话实说，我认为“**奋勇前进**”形容我确实挺恰当。我一直认为上进是种内在的美德和优秀的品质。

即使在少年时代，我也会在每日计划表中列出长长的待办事项（我在 12 岁时就有了每日计划表），而且还要保证每天超额完成任务。在我减肥时，我会激励自己说每天的体重要比前一天更轻，哪怕只是轻了不到一盎司（28 克）也行。如果我一下午的时间都在看电影，内心就会不安。我很害怕有人看到我无所事事地坐在沙发上，被指责懒惰。

我的进取心帮助我在生活中取得成功，支持我走过了单亲生活、裁员停工和身体受伤。我鞭策自己在家庭和事业上完成大量的工作。但在某些时候，进取心与恐惧感难分难解地交织在一起，恐惧自己所做的一切远远不够。

最终，运气来临，在我 40 多岁的时候，基本实现了自己的目标，于是有时间停下脚步，调整呼吸，重新审视自己的生活方式。虽然我一直在奋勇向前，但也曾筋疲力尽、心力交瘁、不堪重负。我当时认为这些是作为单亲母亲的必然后果，因为要打几份工，总是入不敷出。我假设自己财务稳定后，精神压力就会消失。

可事实证明这个假设是错误的。几年前，梦寐以求的时刻终于到来：我达到了自以为会让我更加舒适的稳定水平，终于还清了学生贷款和所有债务，甚至有了一笔可观的储蓄和退休金账户。我期待着每个放松的夜晚，期盼着振奋的精神，以及 20 年来所承受的压力烟消云散。但是这种解脱却没有等来。

我的每日计划表（仍然是老式的纸页计划表）和还清债务之前的别无二致，甚至加入了更多的任务。我现在做一份工作的工作量和我有四份工作时一样大。每个夜晚，我依旧疲惫不堪。

此时，我才意识到精神压力的起因并不是经济状况，而是习惯。虽然在办公室的职责少了，但我找到了新的职责来填补空缺并召开了更多的会议。在家里，我终于有时间自己做面包和学习西班牙语了。我没有做自己熟悉的拿手菜，而是在互联网上搜索异国风情的新菜谱，有些食材还需要开车一个小时去采购。我同意在两个咨询委员会任职，并开始写博客。每个星期五晚上，我都会瘫倒在沙发上，回想自己以前和朋友们一起喝酒的情形，但现在我却没有时间了。

我不禁问自己：为什么？我为什么要这样做？为什么有人要这样做？

在过去几年里，我一直在寻找答案。伯特兰·罗素那篇有 80 多年历史的文章给我带来了启发。我发现这样一个事实：我很少为了做事而做事，更多的是出于不断提高和提效的上进心。我们当中有太多人被骗进了“效率邪教”。我们奋勇前进，却早已忘记了初心。与每天充实与否相比，更关注每天是否高效。

我们现在做任何事情都想寻找最佳方法，从开会到锻炼再到烧烤，对改善生活的“终极工具”趋之若鹜。就像某些机械师一样，专注于寻找最好的而不是最合适的，用顶级的零部件组装制造出难以启动和不断熄火的汽车。

“效率邪教”究竟是什么？它是一个团体，其成员狂热地相信频繁的活动就是美德，相信做事就要做到最高效。他们一刻不得闲，相信自己所做的一切都是为了节省时间，为了使他们的生活更美好。

但他们错了，这种效率是一种假象。他们自以为效率很高，但实际上只是在浪费时间。

假设你要学习游泳，开始阅读关于游泳的书籍，观看视频参加游泳主题的网络研讨会。也许还在手机上安装了几个应用程序记录游泳时间，并帮助你找到最近的游泳池。你做了一切能做的事情来学习游泳，除了亲自下水。

在越来越多的情况下，这就是我们解决问题的方法。

引　言

我们把时间、精力和辛苦赚来的钱投入我们认为更有效率的事情上，但这些事情最终却浪费了我们的时间，耗尽了我们的精力，并增加了我们的压力，而没有使我们更接近目标。我们采取异乎寻常的措施来提高效率，但效率却越发低下。有什么好的解释吗？

人类不断提升和成长的进取心是与生俱来的，而且大多数时候都是值得赞扬的。现代人类只存在了大约 30 万年（而恐龙存在的时间以千万年计），但与泥屋中的第一批**智人**相比已经有了长足的进步。

我们经历了令人难以置信的苦难和难以言表的悲剧，发展出一种应对机制，防止自身陷入绝望。这就是所谓的享乐跑步机效应，即我们会调整自己的情绪，无论发生多么可怕的事情，都能迅速恢复到创伤事件发生前的幸福水平。

但有一个问题：它也会反向作用。换句话说，如果我们的生活中发生了非常幸福的变化，我们也不会从此成为更幸福的人。相反，享乐跑步机把我们带回到加薪、购新房或减肥之前的心理状态。这意味着，我们中的许多人永远不会得到满足。

想象一下，你终于赚到了 100 万美元。欣喜若狂，对吗？不对。你的头脑会进行调整，让你马上回到你的幸福起点。正如《不败之心》（*The Undefeated Mind*）一书的作者亚历克斯·利克曼博士（Dr. Alex Lickerman）所说："我们的幸福水平可能会因生活事件而发生短暂的变化，但随着我们逐渐习惯这些事件及其后果，几乎总是会回到其基线水平。"

这使得我们都容易受到某些商家宣传的影响，认为使用它们的产品、系统或软件就能获得更多幸福和过上更好的生活。我们渴望更多的愉悦和满足，无论取得什么样的成就，无论额外工作了多少小时，仍然不满足。19 世纪的经济学家亨利·乔治（Henry George）写道，人类是“唯一吃得越饱欲望越强的动物，唯一永远不知足的动物”。

在过去 500 年左右的时间里，我们一直在寻找解决内在问题的外部方案。我们被经济和宗教的力量所蒙蔽，相信生活的目的就是努力工作。因此每当感到空虚、不满意或不满足时，我们就会加倍努力工作，投入更多时间。这种趋势可以追溯到马丁・路德的“九十五条论纲”（Ninety-Five Theses）、克里斯托弗・哥伦布（Christopher Columbus）和新航路的开辟。在路德的时代，懒惰成了一种原罪，而在哥伦布和新航路开辟的时代，发达国家的目光转向了不熟悉的新天地，将新奇作为最终目标。

这种痴迷在工业时代普遍传播，并在此后的两个多世纪里方兴未艾。我们的时代不再以人类发展为名，如文艺复兴和启蒙运动。我们目前正处于喷气时代、信息时代、核时代和数字革命中。我们用工作产品而非个人发展来衡量时代。

归根结底，解决方案不应是数字化的，而应是尽可能地模拟人体的。技术可以为我们做很多事情——延长我们的寿命，保护我们的安全，增添我们的娱乐选项——但它不能使我们幸福。幸福的关键是人性，尽管我们正越来越多地走向分离。

我们似乎不相信自己的本能，当面临困难的问题时，会寻找合适的技术、工具和系统来解决这个问题：防弹咖啡、魔鬼健身、原始人饮食法、目标追踪日记、效率应用程序。我们认为精心设计的策略和小工具会使生活变得更好。而我的目标就是揭破这种假象，帮助你认识到我们并没有变得更好，甚至在许多情况下变得更糟。

人们感觉自己在这个问题上没有选择，如果可以选择的话谁都会减少工作，但这并不完全正确。在美国，我们在休假方面表现得特别差劲。在 2017 年，我们选择放弃的休假天数有 7.05 亿天，其中超过 2 亿天因为无法调休到下一年而作废了。这意味着美国人在一年中向他们的雇主捐赠了 620 亿美元。在过去 30 年里，尽管那些使用完所有休假天数的人认为自己的人际关系幸福指数提高了 20%，总体幸福指数提高了 56%，但我们使用的休假天数一直在下降。

至少从 19 世纪开始，我们就从上一代人那里继承了这种行为，做了些补充之后又把这些经验传给了下一代。我们正在把这种心态传给我们的孩子，将这种拼命工作的观念灌输给他们。尽管大多数父母平时都说只希望孩子快乐就好，然而研究显示，大多数父母实际上想要的是高分，认为学业成功，孩子才能快乐。

让我们深呼吸，喘口气。回想一下人类的本质。由于生活的地域不同，我们的外貌特征、语言习惯和价值观也非常不同，但是否存在这样一种跨越地域的真正人性呢？是否有一些品质是我们从出生就共有的，无论国籍、文化或收入如何？我们的行为有多少是由生物学控制的，又有多少是由个人条件和环境控制的？

科学家们围绕这些话题一直在激烈辩论。

不过，有几件事是所有人类都可以不经训练就做得很好的：游戏、思考、社会沟通、情绪反应、计数和自省。也许我们认为这些是天赋，因为我们很少在这些活动中投入过多的精力。也许，因为这些是大多数人固有的技能，我们便认为自己有能力自然而然地融入社区。

我们的日常活动很少聚焦于更加自然地游戏、思考或社交。社交网络无法替代人际交往，而我们的工作导致没有时间游戏。

从本质上讲，我们努力工作是为了快乐和幸福。我们已经失去了进步和满足之间的平衡，与那些真正让生活丰富多彩，让内心知足常乐的东西失去了联系。在过去十年左右的时间里，我们已经投入了数十亿美元画蛇添足。

当前，这种始于几百年前的错误趋势已经越演越烈，控制了我们的工作和家庭生活。我们在一个坑里越挖越深，如果不停止，最终被埋葬的就是坑底的自己。我们在用自己的人性做赌注，很可能因此一无所有，万劫不复。

大量调查显示，自 20 世纪 90 年代以来，成年人的社会孤立率增加了一倍，而社会孤立可能是致命的。英国在 2017 年设立了一个新的政府职位：孤独大臣。2010 年之前，美国青少年的自杀率一直在下降，但在 2010 年开始急剧上升，目前仍未见回落趋势。在一个比以往任何时候联系都更紧密的世界，在即使身处偏远地区，依然拥有网络和物流的时代，这怎么可能呢？

问题是我们正在摒弃基本人性的一些表达，因为它们是“低效的”：无聊发呆、煲电话粥、兴趣爱好、邻里烧烤、参加俱乐部。忆往昔的天真烂漫，我们总是嘴角带笑，那时的人们有时间打街头篮球，向朋友们展示在夏威夷度假的幻灯片。我们不禁感叹，祖辈有时间做做手工、打打球，这是多么难得啊。

但是，我们祖先的时间难道不应该比我们更少吗？毕竟，我们有微波炉、洗碗机、汽油割草机和互联网！我们可以网购，有扫地机器人，还有可以预报天气和设置闹钟的人工智能助手。如果把过去 100 年来通过技术进步节省的所有时间加起来，不是应该每天有几个小时的富余时间随意支配吗？

为什么在高效的时代却如此不堪重负？为什么生产力如此之高，但却没有什么成果可言？

我认为，我们策划的这一切愈加违背了专长和人性。在这种情况下，生活变得愈加艰难和悲伤。丹·帕洛塔（Dan Pallotta）在《哈佛商业评论》（*Harvard Business Review*）中写道：“我可以蜷缩在电脑屏幕前，用半天时间疯狂地处理电子邮件，但却没有完成多少实质性的工作，感觉自己是一个彻底的失败者，然后等到下午 6 点下班时，考虑到我的精神疲劳程度，又感觉自己干了一整天的活，就是这样！”

我们中的许多人正以这种方式使自己疲惫不堪，在那些没有什么实质意义但感觉很有必要的事情上努力和拼命。在很大程度上，解决这个问题的办法是纠正我们的错误观念。**感觉**富有成效并不等同于实际的生产和制造。事实是，劳累过度会降低生产力。根据经济合作与发展组织（OECD）的数据，希腊人的工作时间比其他欧洲人都多，但他们的生产力在有统计的 25 个国家中排名第 24 位。

人类在没有协助或干预的情况下也能很好地完成很多事情。没有药物或瑜伽，我们也可以缓解压力，引发幸福感。研究表明，只是简单的散步就可以让你的心情变好，不需要惦记步数。

我希望能够激发人们对休闲的新考虑和对闲散的新理解。这个意义上的闲散不是指不活动，而是指非生产性的活动。犹他大学的丹尼尔·达斯汀（Daniel Dustin）说："悠然从容是指一种不受时钟支配的生活节奏，往往与经济效率、规模经济、大规模生产等概念相悖。然而，对我来说，悠然从容意味着放慢脚步，尽享生活。"我希望人们都能留出这样的休闲时间，这是人们理应享受的。

我们支持休闲并不意味着要放弃进步。我并不是说我们发展或变化得太快。事实上恰恰相反，无休止的进取正在阻碍进步。

当习惯足够灵活时，我们的工作最出色。与其咬紧牙关，强迫你的身心没日没夜地工作和"向前一步"，直到达成目标，不如暂停下来。

我们可以而且必须停止把自己当作可以被驱动、被打气、被增强、被破解的机器。与其限制和约束本质属性，不如在工作和闲散时展现和赞美我们的人性。我们可以更好地理解自己的天性和能力。要"向前一步"的不一定是我们的工作，也可以是我们固有的天赋。

目　录

第一部分

“效率邪教”

第一章　现代人的节奏

韵律是运动中的声音。它与脉搏、心跳、呼吸方式有关。它抑扬顿挫。它带我们走进自我，它带我们走出自我。

——爱德华·赫希（Edward Hirsch）

让我们先聊聊节奏。对于音乐家来说，节奏就是一首音乐的速度和韵律。对我们所有人来说，节奏是我们生活的速度和韵律。**快节奏**在现代世界中通常具有积极的内涵，快速完成工作当然没有错。

我不想去看医生时还要在预约时间过后再等待一个小时，我不想在回家路上还遇到交通堵塞。非自愿地放慢速度令人气愤。我们都喜欢可以缩短琐事所耗时间的工具。一款无须动手的自动洗碗机，给我来一个。一款 App 可以让我在机场登记入住酒店？这个必须有。

但是那些我们喜欢做的事情的节奏呢？比如**自愿**地放慢速度？在想更快地完成工作时，我们也会缩短做一些趣事的时间，例如远足或完成填字游戏。是否每次都要走得更快、更快抵达、提高速度、减少用时？时不时地放慢速度是否有些固有的好处？

这些是我去年开始自省的问题，当时我正在与八个月内第二次犯的支气管炎做斗争。我的医生说："休息一下，坐下来看本书或者看场电影，先不要去上班。”

我没有听从她的建议。我是一个每日广播节目的主持人，周一到周五都要直播。我几乎每周都有需要出差的演讲活动。我的典型时间表：早上 4:30 起床，主持我的广播节目到上午 10:00，去机场，飞往我要演讲的某个城市，睡觉；第二天早上起床并发表主题演讲，坐飞机回家，睡觉；第三天早上 4:30 起床，主持广播节目。

一直以来，我都在做播客采访，将其用作我书中的素材，为各种出版物写文章，偶尔出现在英国广播公司（BBC）谈论美国的新闻中。我很少看到我的儿子，当我看到时又很暴躁。我在空闲时间想做的就是瘫到沙发的角落里看情景喜剧。

我开始怀疑我是不是走得太快了，以至于我没有时间理性地分辨哪些是我想做的事情，哪些在做的事情单纯是因为它们出现在我的日历上。我意识到我处于自动模式。我就像《我爱露西》（*I Love Lucy*）巧克力工厂那集中的露西一样，只是我不断加速，去追上由生活诸事件组成的传送带。

“您可曾认为我们总试图毕其功于一役？”我问我的一位导师。

“我曾经就是如此。”他回答道，“随后我总会确保日程不会安排得过满以至于让人窒息。”

我向另一位朋友提到了我的担忧，她向我转发了卡尔·奥诺雷（Carl Honoré）关于“慢速运动”的 TED 演讲。奥诺雷并不是这场运动的发起者——这场运动缘起意大利并已在世界范围内传播多年，之后才有他的研究和著作。但他在这个问题上的观点无疑是令人信服的。

慢速运动的初衷是抗议快餐。您可能知道罗马的西班牙广场，这是西班牙阶梯底部的开放区域，鹅卵石广场中间是著名的破船喷泉，由彼得·贝尼尼（Pietro Bernini）在 17 世纪初期创作。

喷泉的设计基于一个传说。在 16 世纪，据说台伯河泛滥成灾，当水位降低时，广场中央只剩下一艘孤舟。为了纪念那个故事，贝尼尼用石灰华制作了一艘似乎漂浮在水中的船。

诗人约翰·济慈（John Keats）在他去世之前一直住在西班牙广场的一座房子里，这座房子如今作为博物馆向公众开放。广场一侧宏伟的 135 级楼梯通向山上天主圣三教堂（Trinità dei Monti）。总而言之，它是罗马的一个美丽景点，具有重要的历史意义，并且理应为意大利人民所珍视。

所以在 20 世纪 80 年代，当麦当劳宣布计划在西班牙广场开一家餐厅时，一些人提出了抗议。值得注意的是，在抗议者中有一个名叫卡洛·佩特里尼（Carlo Petrini）的蓝眼睛瘦男子。

佩特里尼是一位知名的美食评论家，当麦当劳开业时，他向抗议人群分发了通心粉，并成立了一个名为“慢食”的团体。

该团体的宣言称：“我们被速度所奴役，并且都屈服于同一种阴险的病毒：快速生活。”

该团体鼓励人们享受准备和品尝食物的过程，享受与餐桌上的其他人交谈。现在慢食分会已遍布 150 多个国家。

慢食广为传播并点燃了其他领域，例如农场直达餐桌运动，但关于速度的基本思考已经延展到如时尚、教育和旅游等非美食行业。

这种思考并不是说一切都应该更慢，而是并非一切都需要更快。我每年出差要飞行数万英里，但我不想特意选择乘坐 21 个小时的火车而不是 4 个小时飞机，来延长这些商务旅行中的任何一次。

但是如果我要去新奥尔良探望朋友，我可能会无视前往机场、通过安检、在门口等候、乘坐出租车抵达酒店所花费的额外时间，而是选择跳上一辆火车。速度虽慢，但我能够以更好的心情到达目的地（火车出行对我来说比飞机出行的压力要小得多）。

相信我，这不是一个拥有无限空闲时间的人在规劝你亲近自然细嗅蔷薇。我不仅认同尽快行动的冲动，而且我一生中的大部分时间都沉迷于这种冲动。当然，我清楚地意识到，我现在属于为自己打工，不会受制于别人的日程安排，但在我还是全职雇员时就已经有了放慢生活中某些部分的想法。

在对这个想法进行实践之后，我意识到在许多领域都可以放慢速度。我发现如果限制每周的采访次数，我就有时间自己做饭。如果在早八晚五之间远离社交媒体，我就有时间去遛狗。但这些小的改变对我来说还不够。

我辞去全职职位并自己创办公司的最重要原因是希望能够掌控自己的时间。我觉得我的工作让我忙碌，控制着我的生活，支配着我所有的决定，但却没有让我更快乐。

奋斗者的窘境

我以为当我成为自己的老板时，轻松的日程安排会自动生成，但事实并非如此。虽然我不必每周在广播电台花费 40～50 个小时，但我转身就在我的日历中添加了 40 个小时（或更多）的其他事情和任务来填补这个间隙。我的心路历程是这样的：我不再是全职雇员，所以我可以多做几次演讲或多写几篇文章。结果是，作为自由职业者，我的日程安排比为别人打工时还要多！换句话说，我的老板并不是真正的问题。

我并非这个问题的专家，著书以传道解惑。我每天仍在与它斗争，我写书的初衷是帮助我解决自己的问题。

当我开始阅读有关慢速运动的文章时，我立即明白了放慢速度如何减轻我的压力并支持正念感。写书的素材大部分是在 2018 年 7 月收集的，但显然这些信息没有发挥多大作用，因为仅仅几个月后的 10 月，我分别在亚特兰大、芝加哥、洛杉矶、多伦多、棕榈泉和华盛顿特区进行了 6 次不同的 30～60 分钟播客采访和演讲。

我必须要承认一个无法否定的前提：我是一个非常幸运的人。经过 46 年的奋斗，一位月光族的单亲妈妈，在 2016 年被闪电击中了。我的 TEDx 演讲在网上走红了，我开始收到几年前我做梦都不敢想的高薪演讲邀约。

2016 年以前，我从早忙到晚，生活在持续的压力中，担心账单不能及时支付，或无法顺利应对财务紧急情况。2016 年以后，我仍然忙得不可开交，常感筋疲力尽和不知所措，但我收入颇丰。我不必担心支付租金，我不必担心我可能摔断手臂或我的车可能无法发动，这大大提升了我的整体幸福感。

不可否认，钱够了，事情会容易很多。在经年累月的奋斗中，我以为生活富裕了就会幸福，压力就会消失。但这种情况并没有发生。

我的大部分商务旅行都有助理精心策划，有司机接送机，住在我之前很难承担的酒店。2015 年的塞莱斯特（作者本人）会看着今天的我说："你到底有什么可抱怨的？你不必因为坐不起出租车而去挤公交已经很幸运了。别废话了。"但 2018 年的塞莱斯特不得不在晚餐时间之前编辑四个脚本并进行两次播客采访，她没有感到多荣幸。其实，她很悲惨。

很明显，让生活发生改变绝非易事。我必须一步一个脚印，并不断寻求突破。正如古希腊人所说：医生，先治愈你自己。

2019 年 1 月，我开始了一次环游 48 个州的火车之旅。从华盛顿特区到新奥尔良，到洛杉矶，再到西雅图。然后继续换乘火车到芝加哥，到波士顿，然后登上最后一班火车回到华盛顿特区。整个行程耗时近两周。

请记住，这种跨州列车经常穿越偏远地区，那里的手机信号微弱或不存在。这是我第一次看到手机的无信号图标，一个大圆圈里面有一条斜线穿过，我承认我感到有些恐慌。我开始不自觉地查看我的手机，看是否有信号。我大概在一小时内查看了 40 次，那还只是两周旅行的第二天。

日子一天天过去，我释然了。我在没有手机信号的情况下存活了几个小时，天也没塌下来。没有突发事件，一切都还正常。

两周来没有任何可靠的互联网连接，这反而给了我空间来评估我是否需要持续连接，答案是否定的。

这是一件很简单的事情，登上火车，不再担心旅行所需的时间，但在这个速度不断提高的时代，这种行为感觉就像引发了一场革命。在那两周里，我收到了几份演讲邀请，本来可以赚很多钱，但我却坐在火车上与人们聊天并阅读悬疑小说。最后，我想我充分利用了这段宝贵的时间。

当我坐在最后一班向南驶向华盛顿特区的火车上时，我感觉自己已经彻底改变。我想我一次也没有看过手表，因为我并不担心什么时间抵达。我随便读读写写，与过道对面的人闲聊。那种随时可能出问题或者需要我立即处理紧急情况的感觉已经消失了。我不再处于战或逃模式。摆脱互联生活的无休止节奏起初让人不适，但当我结束旅行时，我畏惧再次加入那场了无乐趣的游行。

“慢速旅行现在可以与飞往巴塞罗那吃午餐的文化相媲美”。卡尔·奥诺雷说，“倡导者沉浸于乘火车、乘船、骑自行车，甚至步行，享受旅程，而不是挤在飞机上。他们选择静下来更多地融入当地文化，而不是去每个旅游陷阱打卡。”

我学到的是，如果你没有自觉地选择一条较慢的道路，你很可能会默认使用现代生活中油门踩到底的速度。你周围的每个人和一切都可能在呼啸而过，我们大多数人本能地与环境保持同步。

当然也没有必要走向对立的极端。我没必要坐几天火车只是为了体验慢节奏。今天早上，我在航班起飞前约 90 分钟到达亚特兰大机场。所以我没有乘坐电瓶车而是走到了航站楼。我想，**为什么要急忙赶到登机口然后在那儿多坐 20 分钟？**

沿途，我看到了津巴布韦艺术家的数十件大型雕塑，并欣赏了我有生以来最喜欢的艺术设施之一，史蒂夫·沃尔德克（Steve Waldeck）的飞行之路（Flight Paths ）。当你从航站楼 A 到航站楼 B 时，你会穿过一个模拟的热带雨林，鸟鸣声由远及近，夏日阵雨带来阵阵暖风。这个价值 410 万美元的动态光雕塑保证让你倍感放松。

有一位年轻的母亲和她的女儿走在我前面，走得很慢。我的第一反应是烦躁，想迅速从一侧超过她们。但我的时间还很充裕，于是我放慢了我的速度，以配合小女孩的速度。这勾起了我儿子蹒跚学步时的回忆，当时我总在催促他或干脆抱起他，以免耽误身后的其他人。

我稍微放慢了脚步，看到女孩穿过雨林设施时的惊异。“你能听到鸟叫声么，妈妈。”她喊道，“它们是真的鸟吗？”我希望我的不匆忙，可以让那位母亲不必催促她的女儿。

这个小小的变化只占用了我几分钟，然而当我抵达登机口时我却面带微笑。我上一次在机场感到快乐和放松是什么时候？这样一个小决定可能只为我带来了半小时的快乐，但如果我做出更多这样的决定，我就可以将这样宁静的时刻连成串，最终让我的生活由焦躁不安向神清气爽倾斜。

当然，做出这些决定并不总如想象中那般容易。

我的祖辈有很多成就卓著的人士，在我的家族树上我只是片并不起眼的叶子。显然，有种内在的力量强迫我更加努力地工作，即使我不需要这样做。会不会是我的成长经历造就了这一切？

我仔细梳理了我的兄弟姐妹、母亲和祖父母的习惯。我尽可能地了解关于我的曾外祖母嘉莉·斯蒂尔·谢普森（Carrie Still Shepperson）的一切。她的母亲是个奴隶，父亲是位种植园主。她于 1886 年在亚特兰大大学获得学位。她在联合学校任教多年，这是阿肯色州小石城的第一所黑人儿童学校。在她的第一任丈夫去世后，她做了近十年的单亲妈妈才再次结婚。现今的单亲妈妈已然不易，我无法想象 1895 年的南方黑人妇女会面临怎样的困难。

嘉莉还在阿肯色州为非裔美国人开设了第一家图书馆，她通过上演莎士比亚和其他经典剧作来筹集资金。在周末她常会前往阿肯色州的农村社区，教那里的黑人读写。当她于 1927 年去世时，我祖父发现她写了一本书，至今仍未出版。

我敢说没有人敢称嘉莉·斯蒂尔·谢普森是个懒鬼。然而，当我用 21 世纪的视角审视时，她的日常生活显得相当放松和惬意。她用家里的手摇留声机听歌剧，在莲花俱乐部的聚会上和朋友们一起读诗，她有足够的时间来塑造早熟儿子的幼稚心灵，每晚和家人一起吃晚饭，掌勺的经常是她那位以奴隶身份在佐治亚州度过大半辈子的妈妈。

谈论奴隶制下的职业道德是荒唐和残酷的，所以我只会追溯到我的第一个自由人祖先。不论以哪种标准衡量，她都是一个刚烈似火而不知疲倦的女人。她把辛勤工作的原则根植在我外祖父脑中，外祖父又把这些原则传授给了我母亲，我母亲又在我年幼时管教我："即使在看电视的时候也做点什么，不要只是傻坐在那里。"

我父亲这边的曾祖父母是得克萨斯州的农民。我相信他们生活条件艰苦，并以辛勤劳作的信念为生。然而，他们每日也有时间围着餐桌聊天、玩纸牌游戏、炸鱼和制作手工艺品。我祖父过去常常在他家的私人车道上自制冰淇淋，他负责搅拌，我负责坐在盖子上保持稳定。

研究我的家族史得出两个结论：首先，对持续生产力存在固有价值的信仰至少可以追溯到 19 世纪后期；其次，我们过去常常通过与工作等量的休闲和社交聚会来调剂漫长的工作时间。由此可见，这种方式已经存在很久了，并且在随后几代人中变得更加根深蒂固和偏激极端。

如果我想找到对效率成瘾的根源，就必须阅读史书。我开始阅读 20 世纪 50 年代、20 年代、19 世纪和 20 世纪之交，甚至更久远的劳动实践，寻找最初的元凶。最终，我开始阅读 17 世纪的日常生活，并追溯到古希腊。我意识到现在的工作习惯与大约 250 年前几乎完全不同。我顿悟了：我们所熟知的关于工作、效率和休闲的一切都是相对近代的，而且很可能是错误的。

第二章　蒸汽机时代

我们生活的节奏曾经很慢，甚至很悠闲；工作的步调也曾很放松。我们的祖先可能并不富裕，但他们有丰富的闲暇时间。

——朱丽叶·肖尔（Juliet Schor），社会学家

为报酬而工作是一个非常古老的概念，但也许没有你猜想的那么古老。就在 9000 年前，人类在共享的土地上共同生活，他们收获的农作物养活了整个社区。斯坦福大学的人类学家伊恩·霍德（Ian Hodder）说，这些人可能并不把家务当成工作，而“只是他们日常活动的一部分，与烹饪、仪式和宴会一样，是他们生活的重要组成部分”。

没人知道决定贿赂别人来做他们不想做的事情的第一人是谁，但我们有这样一个早期的交易记录。第一张工资单可以追溯到 5000 年前，在伊拉克境内。作为对其劳动的报酬，有人得到了啤酒（也许是一个美索不达米亚的荷马·辛普森[㊀]。在那时，用工时换取啤酒、食物或其他类型的报酬在世界各地就相当普遍了。

不过，有可能我们一直以来误解了祖先们对于“工作”的理

㊀ 动画《辛普森一家》的人物之一。——译者注

解。中世纪的农民平均的工作时间比我们今天要少得多，而且他们享受的假期也更多。我们可能会觉得，为了谋生，我们不得不每周工作至少 40 小时，但这实际上只是一个相对近代的现象。

我不是说中世纪的人们生活更幸福，这显然不是事实。现在大多数人的生活质量要高得多，也几乎没有死于瘟疫的危险。我们几乎不会夭折，居住环境更加舒适，也能够接受更好的教育。我们当然比 17 世纪的普通欧洲农民生活幸福。但是，一般来说，我们的工作时间确实更长，这是一个不争的事实。

在这里，我只谈工作时间和非工作时间，不涵盖洗衣服、做饭和交通所需的时间，尽管那也是工作。我想谈的是人们为了生存而劳作所需的时间。工作可以是愉快和充实的，也可以是重复和枯燥的，但它总是我们不得不做的事情，是必需的。在当今和中世纪的纵向比较中，在 1600 年养活一个农民所需的工作时间远远少于现在养活一个普通雇员。

事实上，**智人**在世界范围内直立行走有 30 万年的历史，在其中的大部分时间里，我们每周都没有工作 40 小时，而且我们每年的工作时间肯定不超过 300 天。我们的工作习惯发生巨大变化是在两个多世纪前。现代工作时间其实是一种反常现象，我们有足够的历史记录来证明这一点。

4000 年前的古希腊时代，雅典人每年有多达 60 天的假期。到公元前 4 世纪中叶，有将近 6 个月的官方节日，节日期间是不工作的。古希腊人的工作是时有时无的：在播种或丰收期间工作频繁密集，然后是长时间的庆祝和盛筵。

在欧洲、亚洲和北非的大部分地区，这一基本模式延续了近万年而少有变化。在 1760 年英国进入工业时代之前，大多数人的生活习惯都是一成不变的，与他们的祖先甚至柏拉图和亚里士多德时代的生活习惯相同，如鸟儿般日出而作，日落而息。

直到 19 世纪，只有富人才有资本定期点蜡烛，所以日落意味着黑暗。雅典夏季的日照时长约为 14 小时，冬季约为 10 小时。

当然，一天工作 14 小时的话也够漫长了。但过去的人们并没有每天工作 14 小时。英国历史学家和经济学家詹姆斯·索罗尔德·罗杰斯（James Thorold Rogers）广泛地研究了英国 600 年历史中劳动阶级的工作习惯。根据他的研究，中世纪的农民每天工作不超过八小时，有时甚至更少，而且一年中至少有 1/3 的时间是不工作的，以庆祝各种宗教和特殊事件。

我想在这里补充一个免责声明。我没有兴趣穿越时空回到过去，做一个中世纪的英国农奴。我非常喜欢我的电动车、微波炉和电脑。但与时俱进的不仅仅是技术，还有生活方式和生活质量。直到 200 年前，我们还有很多非工作时间。在前工业时代，工作并不是生活的轴心。

正如索罗尔德·罗杰斯在他的《六个世纪的工作和工资》（*Six Centuries of Work and Wages*）一书中写道："每个时代都有缺点，也有优点……13 世纪的农民，尽管他不拥有……他的后代在 18 世纪所拥有的很多东西，但他拥有如今看来仍可称作优势的一些因素和对于未来进步的众多憧憬。"

对于未来进步的众多憧憬源于能够在自己的土地上劳作，或者作为手工艺人或工匠获得收入。在工业时代的黎明之前，大多数人都是个体经营者或承包商，因此能够制订自己的时间表。

在《英国庄园生活》（*Life on the English Manor*）一书中，H.S.贝内特（H.S. Bennett）指出，在封建制度下，大多数农奴都要向其领主缴纳"一周一天"的费用。这相当于一天的劳动，即从早上开始，到午餐时间结束，在夏季约为 6 个半小时。贝内特发现，工匠们每天工作约 9 小时，但他们并不听命于人，在工作时间上有完全的灵活性，并且几乎保留了所有的收益。农民照顾自己的庄稼，每天的工作时间略多于 8 小时。

19 世纪之前，一年工作 52 周在世界任何地方几乎都是闻所未闻的。16 世纪初，劳工的非工作时间之多让杜伦的主教詹姆斯·皮尔金顿（James Pilkington）发出如此感叹："劳者朝休久矣。上工前要吃早餐，否则多有拖沓和聊闲；午睡也是不可免，醒来下午已过半；晚上钟声一响，工具落地当啷，即刻转身离去，不管有何需要或情况。"

这位主教并不是唯一感到困扰的贵族。富人抱怨工人太懒太闲的例子数不胜数。古往今来都是如此。

当然，这一切发生于工厂和机器的时代之前。19 世纪的文化、经济、政治和劳动则完全是另一副面貌。工业革命极大地改变了人类生活的方方面面，包括食物的种类和睡眠的时间，其影响之深刻怎么强调都不过分。

在 19 世纪之前，工作的样貌几个世纪也少有变化。大多数人生活在农村地区，许多人至少拥有或租赁了一小块土地，有大把时间来处理家务或农耕，还余有时间围坐在火堆旁，聆听《贝奥武夫》（*Beowulf*）的 3182 行全诗。在当时，这算是一个有趣的家庭夜。

我们对英国的劳动实践有着较完整的记录，由此也可以推想其他欧洲国家在对待休憩时光时也会有相似态度。社会学家朱丽叶·斯格尔（Juliet Schor）在她的《劳累过度的美国人》（*The Overworked American*）一书中指出，古代的英国人比他们的邻居工作更多。在法国，劳动者享有 180 天的假期，在西班牙，劳动者则每年享有大约五个月的假期。

奴隶和一些签了契约的仆人则是例外。非洲人是什么时候开始被迫为奴的我们不得而知，但合法拥有奴隶是在 1640 年。当我谈论工作时间时，我不会谈论奴隶，因为他们没有权力或投入，也不是用劳动换取工资。奴隶制是野蛮残暴的，因为它认定一些人类还没有牛马值得尊重和关爱。

在这段劳动实践史中，我要谈论的不是特定的人群，而是一般的劳动阶级，即那些被他人雇用以获取工资的人。

因为我们对英国和欧洲其他国家的劳动实践有较为详细的记录，所以我会重点关注这里。我无意暗示各地的人都有欧洲人类似的经历，也不是说欧洲的制度在所有方面都是高级优越的。

然而，当今许多工业化国家仍在遵循英国和欧洲其他国家形成的传统和习俗。这些地区的雇主、工匠和政府官员都细致记录了人们在哪些日子里工作，在哪些日子里休息。从这些记录中，我们可以得知工业时代的黎明让数千万人的生活发生了变化，也可以得知并非所有变化都是积极的。

受多方面的影响，社会从启蒙时代过渡到工业时代。到 18 世纪末，人们的寿命越来越长，劳动力因而更充足，农业革命让英国的粮食得以过剩，许多曾经务农的人不得不开始另谋出路。此外，银行、贸易和运输方面的创新使全年无休和跨国营商变得更加容易。

然而，工业时代最有冲击力的刺激因素产生于苏格兰的格拉斯哥大学：一位自学成才名叫詹姆斯·瓦特（James Watt）的仪器制造商被要求修理一台纽科门（Newcomen）蒸汽机，但修好后，他发现其的功率仍然很低。

于是，他开始摆弄机器，对蒸汽进行实验，直到他研发出一种新型号，比纽科门蒸汽机少用 75%的燃料却能够提供更强劲的功率。十多年后，即 1776 年，当约翰·亚当斯（John Adams）和托马斯·杰斐逊（Thomas Jefferson）在费城签署《独立宣言》（*The Declaration of Independence*）时，第一批瓦特蒸汽机正在英国市场上进行销售和安装。

瓦特蒸汽机最初主要用于从煤矿抽水。但没过多久，人们就意识到可以把这种蒸汽机安装在任何东西上，为织布机、磨坊甚至铸造厂提供动力。城市发电不再依赖河流和水车，也不需要数百匹马。（记住，马力曾经就是字面意思。）工厂拔地而起，蒸汽船出现在泰晤士河之上，工业时代从此开始。

当工厂开始生产商品时，雇佣的性质就发生了变化。19 世纪之前，大多数人都生活在农村地区。到 1850 年，世界历史上第一次有一个国家（英国）的城市居民人口规模超过了农村。70年之后，美国才达到这一里程碑，大约在巴斯特・基顿（Buster Keaton）成为电影明星和查尔斯顿舞开始流行的同一时期。

在工业时代之前，大多数人的工作是完成特定的任务：收割粮食、封装谷仓、缝制被子。在一天的时间里，农民可能会完成各类的任务：照顾动物、灌溉庄稼、诱捕害虫、修理栅栏等。当这些农民到工厂成为工人时，他们失去了任务的多样性，最终只能每天用 10～14 个小时的时间，以同一种姿势站立，完成机械而单调的同一种任务。

另一个变化是关于所有权的。历史学家指出，至少在中世纪的英国，大多数人都拥有一些土地。农奴至少有 12 英亩的土地，可以自己种些庄稼。在过去的 250 年里，公有土地变成了私有的，奶牛在公地上吃草的场景也不复存在。这也让人们远离农村的家乡走进城市拥挤的房屋。

大多数城市没有准备好容纳这些大量涌入的居民。历史学家 E.P.汤普森（E.P. Thompson）指出，随着人们涌入城市，他们的房屋变得“遍是污秽和痛苦”。更重要的是，一个在伦敦租了一个破烂房间的工人比一个在乡下拥有一小块土地的农奴弱势许多。进城耗尽了劳动阶级的权力和财力。

人们在工厂里的劳动是没有尽头的。你不是在制造一个马车轮来替换一个坏掉的马车轮，你是在炮制几十个马车轮。你可以继续快速而大量地生产衬衫、马蹄铁、水桶或墨水瓶，直到你的资源耗尽，或者你再也抬不起手臂，然后你就会被某人取代，继续你放下的工作。

商业利润的基础不再是利润率，而是销售量。商业心理学家托尼·克拉布（Tony Crabbe）指出："公司现在需要工人花时间在工厂里工作，需要用钟表来协调工人们，以保持工业车轮持续地转动。时间变得如此宝贵，以至于许多无良的雇主会在白天对钟表动手脚，以便从那些毫无戒心的劳工身上攫取更多的时间。"

这里还有一点需要考虑。直到 19 世纪末，大多数欧洲经济体都有相当规模的工匠阶层：如锡工、鞋匠、皮匠等，他们拥有生产工具且术业有专攻。如果你想建造一座大教堂，就得雇用泥水匠来砌墙，雇用艺匠来雕刻栏杆、雕塑石像和粉刷祭坛。正如历史学家尼尔森·利希滕斯坦（Nelson Lichtenstein）所指出的，保罗·列维尔（Paul Revere）是位杰出的银匠，他那幅世人熟知的肖像画现在挂在波士顿艺术博物馆，其实是创作于他那著名的骑马行动的七年前。[㊀]画中，他穿着长袖衬衫，指甲里还有污垢。由此可见，工匠们大多是独立且受到尊重的。

但随着工业时代呼啸而来，工匠们被拽进了工厂。单个玻璃吹制工无法与玻璃制造厂竞争。因此，他卖掉了自己的工具，在工厂里担任了个职位，设备和机器的拥有者不是工人而是雇主。如果工人离职，他不能带走寻找新工作的手段和资料，他将完全

㊀ 保罗·列维尔是美国籍银匠、早期实业家，也是美国独立战争时期的一名爱国者。他最著名的事迹是在列克星敦和康科德战役前夜警告殖民地民兵英军即将来袭。亨利·朗费罗以此事件为蓝本创作了赞美诗《保罗·列维尔骑马来》。——译者注

依赖新雇主提供的工具和资源。同样，这是一个意义重大的权力转移。

由于这一转变，世界失去了许多专业的艺术家、木工师、雕塑家和金属匠。（这里可以做个简单的小练习：找一些 1839 年至 1842 年建造的英格兰议会大厦的图片。想象一下，在今日完成所有这些工作需要多少钱，你就会初步理解工匠阶层消失后我们失去些什么了。）在工厂里，工人们每天都在大量重复生产相同的产品，这些产品也激不起往日的自豪感。

此外，社会流动也停滞了。19 世纪之前，工人通过努力习得一门手艺而进入中产阶级是有可能的。但工厂不需要工匠——工厂只需要身体和双手，而管理岗位是屈指可数的。在 19 世纪，升职晋升的机会微乎其微，逃离工人阶级的可能性也近乎为零。

所有这些变化都很重要，但此时还有一个变化尤为重要：时间与金钱开始画上等号。雇员使用机器每小时生产的产品数量是相对稳定的。因此，机器运行的时间越长，工厂生产的产品就越多，雇主赚到的钱就越多。更多的时间意味着更多的金钱。

雇员的工资通常不是像以前几个世纪那样按任务计算，而是按小时计算。我勉强能想象出当时的工人在种了一辈子庄稼或织了一辈子蕾丝边之后，拿到第一周的工资时是怎样的场景，但却无法想象一个工资与工时不相关的时代是怎样的。这种质变不仅是新近的，而且是迅速的。它可能始于英国，但很快就蔓延到各国甚至各大洲。

这种变化甚至在我们使用的词汇中也有所反映。例如，在

16 世纪，punctuality 一词的意思是“精确”；大约在 1777 年，人们才开始用该词表示“准时”。几个世纪以来，efficiency 是“完成事情的能力”的意思，来自拉丁语动词 efficere，意思是“实现”；但在 18 世纪 80 年代，它被用作**生产性工作**的同义词，一篇 1858 年的文章首次用 efficiency 来表示“完成的有效工作与消耗的能量的比率”，即“效率”。Time well spent（“美好时光”）开始意味着“赚钱时间”。

不过，这种质变并不局限于灰尘满满的工厂车间，甚至延伸到我们对自然界概念的理解。曾经，日升日落掌管着我们的日程安排，如今**白天**的定义也发生了演变，关注点从天堂拉到了人间。部分原因是越来越多的人可以用人造光来穿透黑暗。

1834 年，约瑟夫・摩根（Joseph Morgan）开发量产的蜡烛进入市场，让人们的家中出现了负担得起的光亮。19 世纪 50 年代发明的石蜡让蜡烛更加清洁、可靠和便宜，进一步扩大了蜡烛的使用场景。1879 年，托马斯・爱迪生发明了第一个可以商业化生产和销售的灯泡。

夜班因此成为可能。日落不再是工作结束的时间。**日**曾经指阳光下的“清醒的时间”，但当日光失去其意义时，**日**的意义变成了“工作的时间”。工人们的“日常”可以在日升之前开始，或者在日落之后很久才结束。

那时，我们还没有准备好应对蒸汽机所带来的突然变化。当工厂刚开始取代农场时，没有规范劳动行为的法律，也没有保护工人的法规。面对这种全新的局面，政治家完全没有预料到还需要建立监督机制或者惩罚各类侵权行为。而当政府领导看到工厂拔地而起，利润扶摇直上时，他们兴奋得头晕目眩，怎么还能愿意设置重重阻碍扰乱进步的步伐呢。我们所谈论的时代正是 20 世纪初，那个咆哮的 20 年代和《了不起的盖茨比》（*The Great Gatsby*）描述的穷奢极欲的年代。对于工业家来说，经济和政府的自由氛围引发了一场有利可图的剥削狂欢。

19 世纪宽松的环境造就人类历史上对有偿劳动者最严重的虐待和剥削。查尔斯·狄更斯（Charles Dickens）是我儿时（及如今）最喜欢的作家之一。我在四、五年级的时候读过他的传记，他苦难的经历让我倍感震惊。

狄更斯永远记得他在一家鞋油厂做工的时光，当时他 10 岁，正是我读到那段经历时的年龄。他每周挣 6 先令，帮助家里支付房租。狄更斯跟他的朋友约翰·福斯特（John Forster）说，工厂是一座“令人抓狂、破败不堪的老房子，里面老鼠四处横行……”“我的工作是为鞋油罐贴封盖，先贴一张油纸，再盖一张蓝纸，再用绳子绑好，然后把纸压紧、修剪整齐，最终就像药店里的一罐药膏那样。当封好一定数量的罐子后，我就在每个罐子上贴上印刷好的标签，然后再继续做更多的罐子。”

成百上千次地，小狄更斯的手指要涂抹彩纸，缠绕绳子，修剪边缘。周而复始，持续数小时。仅从狄更斯提及这一经历的次数，我们就知道他受到了巨大的影响。

经济学家里克·布克斯塔伯（Rick Bookstaber）写道：“工业革命最终促进了繁荣，但在一段时间内，它使大批民众的生活变得悲惨。在家庭产业体系向工厂生产体系，旧农业向新农业过渡的过程中，那些或是缺乏资本或是身心未能调整因而无法融入新经济的人几乎都遭受了无处纾解的苦难。”

布克斯塔伯提到的过渡时期持续了几十年。“无处纾解的苦难”时代至少跨越了一代人。请记住，查尔斯·狄更斯的一个孙子在 1962 年去世。这段历史并没有那么久远。

在工业时代初期，孩子们要么整天工作，要么整夜工作——一人爬到床上休息，另一人就起床去工作。从中我还了解到一个可怕的要点：终结童工的并不是道德上的愤怒，而是少男少女极高的死亡率。领导者们甚至开始担心“种族的物理存续”。

工业革命初期工人的苦难在很多著作中都有详尽描述，但我想说的是后机械化时代工作环境发生了巨大改变。并非所有改变都伴随着苦难，但改变确实带来了很多苦难。

那么，这段历史与我们在 21 世纪的生活有什么联系？我也是在了解了围绕工时和工作日的“合理”定义的争论后才发现其中的联系。在 19 世纪之前，人们平均每天工作六到八小时，全年享有几十天的假期。事实上，即使是社会最底层的人，他们休息和劳动的时间也几乎一样多。突然间，人们的工作开始从早忙到晚，不再有休息时间。

因此，当工会成立并要求减少工作时间时，工人们不是在争取新的保护，而是在“恢复祖先在四五个世纪前的工作状态”，詹姆斯·索罗德·罗杰斯（James Thorold Rogers）如是说。换句话说，人们希望回到还未搬进城区和走进大规模生产线之前的那种工作习惯。请牢记：关于工作时间的斗争，从一开始就是为了回归我们千年来的那种传统生活。

1870 年，约翰·卢伯克爵士（Sir John Lubbock）当选议员。这位埃夫伯里的第一任男爵也是一位银行家和科学家——他创造了**旧石器时代**和**新石器时代**（paleolithic and neolithic）这两个术语来描述两个石器时代——更是一位追求社会正义的勇猛战士，为他认可的社会中最努力的人而战。

当选后，他立即开始推动制定一些工人的保护政策。一年后，他成功推动《银行假日法案》的颁布，将一年中的四天定为假期。这是百年来工人们的首个非宗教或非全民的纯休闲假日。为纪念卢伯克，这些假日通常被称为圣卢伯克日。

当时在整个欧洲和美国，工人们正在为有限制的工作时间和更好的工作环境而斗争。推动八小时工作制的先锋人物是纺织品制造商罗伯特·欧文（Robert Owen）。欧文创造了现在人们熟悉的座右铭："八小时劳动，八小时娱乐，八小时休息。"

但是，大多数雇主无意效仿欧文，也不满足让他们的雇员只工作 8 小时。1847 年通过的一项法律规定，在英国的女工和童工每天只工作 10 小时。而法国也通过了类似的法律，雇员每天工作不超过 12 小时。

这种斗争也在大西洋彼岸进行着。美国劳动人民党成立于 1877 年，同年还成立了钢、铁、锡混合工人协会和火车工程师兄弟会（尽管妇女在劳动力中占了相当大的比例，但大多数早期工会都只由男性组成）。1882 年 9 月，数万人涌上街头参加了在纽约举行的第一个劳动节游行。游行的目的是什么？限制工时。

上层阶级对这些努力的反应大多是嘲笑，有时则是危险的攻击，动用警察和军队武力镇压罢工。虽然这似乎是一段古老的历史，但这些冲突其实发生在我们曾祖辈的时代，为今天的雇佣关系奠定了基础。

这些冲突中最著名的一次发生于 1886 年的芝加哥。那原本是一场支持工人权利的和平集会。那个年代，有些人每天只赚 1.5 美元，每周却要工作 60 小时。在见识到工厂主的豪华住宅和奢华生活方式后，工人阶级终于忍无可忍。主张八小时工作制的劳工骑士团的成员在短短两年内从 7 万激增到 70 多万。

数百人聚集在芝加哥干草市场，劳工活动家奥古斯特・斯拜斯（August Spies）正向民众“解释八小时运动的总体情况”。早些时候，有人向前进中的警察投掷了一枚自制炸弹，爆炸导致一名警察死亡并引发了混乱。当烟雾散开，人群散去时，七名警察和几名平民死亡，数十人受伤。这样的悲剧和暴力事件在工人推动改革时屡见不鲜。

进入 20 世纪，劳动保护开始得到越来越多的政治支持。1915 年，乌拉圭成为第一个制定八小时工作制的国家，该国总统一年前刚刚制定失业补偿政策。

1919 年 8 月，斯蒂芬・鲍尔（Stephen Bauer）博士在《劳工评论月刊》（*Monthly Labor Review*）上的文章中开篇写道：“在 1918 年的最后几个月里，八小时工作制已经成为群众的政治口号；雇主们反驳说，该制度只有通过国际行动才能实行。因此，再次出现了关于工时长短的决定因素、缩短工时的影响以及调节工时的最有效方法等的争论。”

不难想象，我们的前辈为了给自己和后辈争取更少的工作时间，遭受了多少痛苦，付出了多少努力。在 100 年后的今天，我们几乎将这些成果拱手相让。我们选择加班、回复工作信息，因为我们认为这是保住工作或做好工作的唯一途径。但情况并非如此。习惯可以改变，因为这个习惯其实形成并没有那么久。

我们是如何完成从绝食罢工、武力抗争到自愿在周日夜晚回复电子邮件，留在办公室“收尾”的转变的？在《没有工作的未来》（*The Jobless Future*）一书中，斯坦利·阿罗诺维茨（Stanley Aronowitz）和威廉·迪法齐奥（William DiFazio）对这一趋势表示遗憾并写道：“数量惊人的脑力和体力劳动者几乎将他们所有清醒的甚至是做梦的时间都交给了劳动。自由时间的概念和露天活动场所对大多数人的日常来说都异常遥远”。

然而，100 多年的经验教会我们，长时间的劳作实际上并不能提高生产力。数据论据可以追溯到 19 世纪——工厂主惊讶地发现，在工会强迫他们削减工时后，生产力反而提高了，因为事故减少了。在血汗工厂时代超负荷工作是适得其反、事倍功半的，研究表明在知识时代仍然如此。

当然，这不仅仅关乎工作时间。雇主希望工人工作越久越好是情理之中，雇员自愿延长工时以获得晋升或加薪也非意料之外。但是如今我们面对这般境遇却是在工时之争取得胜利**之后**。当雇主在政治斗争中失败后，他们转向了新的战场：文化。

第三章　职业道德

所谓的闲暇，并不是无所事事，而是所做之事不被统治阶级的教条和公式所承认，它和工业本身一样有权利表明自己的立场。

——罗伯特·路易斯·史蒂文森（Robert Louis Stevenson），《向懒汉致歉》（*An Apology for Idlers*），1877 年

工业时代的降临，是数世纪经济思想、技术思想以及哲学思想——特别是新教的职业道德——共同发酵的结果。当马丁·路德将他的“九十五条论纲”钉在德国维滕堡的教堂门上时，他不仅改变了宗教历史，还最终改变了发达国家几乎所有人的生活。

长期以来，天主教会教导信徒入天堂须行善。不愿工作的懒惰正是七宗罪之一。天主教牧师们则引用雅各书中的“你有信心，我有行为；你将你没有行为的信心指给我看，我便借着我的行为，将我的信心指给你看”。路德鄙视人们通过向慈善机构赠送礼物来购买救赎的行为，他更注重勤劳和节俭。

虽然路德认为救赎只通过信仰实现，但他也教导说，勤奋工作是上帝赠予的礼物，人们可以通过勤奋工作和高效劳作获得认可。路德相信，享受闲暇是死后的事。

所有这些教诲本该只出现在教堂和信徒的家中。但德国社会

学家马克斯·韦伯（Max Weber）在 1904 年出版了一本名为《新教伦理与资本主义精神》（*The Protestant Ethic and the Spirit of Capitalism*）的书，当时工会力量日益壮大，推动八小时工作制的呼声日益高涨。韦伯对路德信仰的描述并非完全准确，但他的经济理论却具有巨大的影响力。

韦伯认为，新教的职业道德在很大程度上成就了资本主义的发展和北欧的成功。在书中，他引用了本杰明·富兰克林（Benjamin Franklin）至今依旧著名的建议："记住，**时间**就是金钱。一个人如果每天可以通过劳动赚取 10 先令，而他用半天时间出去玩或是闲坐，虽然他在消遣或闲坐期间只花了 6 便士，但其实开支**不止**于此；他实际上已经先消费或丢掉了 5 先令。"也就是说，闲坐不仅仅是懒惰，也是在浪费金钱。

马克斯·韦伯指出，在工业时代之前，获得高工资的农场工人其实劳作时间更短。当他们的劳作所得满足所需后，便把多余的时间用于休闲。然而，新教的职业道德认为，无所事事是邪恶的，努力工作才是美德。借此，雇主说服虔诚的雇员工作更长时间，而不计较支付的工资。马丁·路德认为，即使是看门人和水管工也是在按上帝的旨意工作，在上帝的眼中，任何工作都是有价值的。

韦伯的书非常受欢迎，并对经济政策产生了巨大的影响，国际社会学协会将其列为 20 世纪该领域第四重要的著作。

在美国，对勤劳的崇拜始于老富兰克林和其同道中人，并在 19 世纪进一步发扬光大。1859 年，弗雷德里克·道格拉斯

（Frederick Douglass）进行了一场关于“白手起家/自我奋斗”（Self-made）的演讲，并在随后的几年中多次重复。他说：“劳动通向一切美好、伟大和向往。”

这种一个人（让我们坦率地说：当时指男人）单纯通过勤劳和勇气取得伟大成就的愿景成了美国梦的一个重要组成部分，在欧洲也可以看到这种愿景的翻版。道格拉斯说：“我关于白手起家的理论是：工作是首要的，无论这些人是否获得了物质、道德或智力上的卓越，诚实、稳定和坚持不懈的劳动是他们成功的最佳甚至唯一原因。”

他的论点是，取得伟大成就的人主要依靠热血、汗水和眼泪。与此相反，无所建树的人显然是不够勤奋努力的。

哲学的演变再一次在语言中有所体现。例如，**bootstrapping** 这个词出现于 19 世纪初，意思是“只用拔靴带把你自己拉过栅栏”，即以滑稽的方式做不可能的事。1843 年《麦迪逊市快报》（*Madison City Express*）的一篇文章嘲笑一位官员时说：“阁下肯定是想用拔靴带把自己拉上去，或者坐在手推车里把自己推起来。”

在随后的几十年里，这个词的讽刺意味消失了，转而变成了一种褒奖，指通过个人努力实现从一贫如洗到家财万贯的蜕变。这反映了在美国和欧洲的大部分地区，越来越多的人开始欣赏像托马斯·爱迪生（Thomas Edison）和亨利·福特（Henry Ford）这样白手起家的人，而非坐享其成的富人。

然后霍雷肖·阿尔杰（Horatio Alger）登上了舞台。阿尔杰的父亲是位牧师，一生中大部分时间都因金钱而挣扎。阿尔杰年轻时在哈佛大学任职，但因出身卑微而被那里的精英俱乐部拒之门外，这可能也为他最终成名的小说带来一部分灵感。

霍雷肖·阿尔杰的第一本在商业上取得成功的书叫《衣衫褴褛的迪克》（*Ragged Dick*），他凭借此书一举成名。故事讲述了一个 14 岁的贫穷擦鞋童因诚实、节俭和勇敢而出人头地的故事。阿尔杰其后的作品基本都在重复同样的故事，只是改变了人物的名字和其他无关紧要的细节。今天，当人们提起“霍雷肖·阿尔杰的故事”，指的就是一位年轻勇敢的主人公因为良好的品性和不懈的努力而从一贫如洗到家财万贯的佳话。

在 1867 年至 1926 年，阿尔杰的小说备受追捧，并深刻融入了美国文化，他创造的神话故事成了人们效仿的对象。试图用拔靴带把自己拉起不再是滑稽可笑的事，而成了坚实的人生规划。即使在今天，美国的收入差距可能比任何国家都要高，许多美国人仍相信诚实的劳动可以致富，这种信念助长了我们过度工作的意愿，即使获取劳动果实的并不总是我们自己。

心理学家迈克尔·克劳斯（Michael Kraus）和贾辛丝·坦（Jacinth Tan）研究了美国人对社会流动性的观点，并在 2015 年发表了一篇论文。他们的结论是：“对美国梦的信仰全面影响着我们的育儿决定、教育实践和政治议程。然而，根据我们这篇论文中的数据，当描述社会阶层流动性的实际趋势时，基本上美国人的回答是不准确的。”

在这里，**不准确**这个用词很温和。事实上，你在美国成为百万富翁的机会还不到 1%，成为亿万富翁的可能性与你被闪电击中的可能性差不多。但是，即使在衡量非急剧变化的收入提升时，我们的判断也没有多准确。根据克劳斯和贾辛丝的报告，四项研究的参与者极大地高估了某人从低收入阶层升至高收入阶层的可能性。

普林斯顿大学的一项单独研究显示，你越是坚信自己可以提升收入层级，你就越倾向于捍卫现状。如果你认为你的生活可以成为“霍雷肖·阿尔杰的故事”，你就更倾向于支持现有的经济和政治政策，而非推动变革。许多人对自己说，**尽管我的大多数朋友和邻居现在的收入和十年前一样多，但我将会是例外**。我曾经在面试时告诉未来的雇主，虽然我的工作经验可能比其他应聘者少，但我可以“在私下里为任何人干活”。

即便全世界都对效率和生产力痴迷，但只有在美国，近70%的公民认为他们终将实现美国梦，取得经济成功的最重要因素是勤勉和主动性。

《大西洋月刊》（*Atlantic*）的高级编辑约翰·斯旺斯伯格（John Swansburg）在描述他父亲追求“美国梦”和“白手起家”神话时提出一个重要问题：“这样一个激励我们向着高目标前进的神话是否健康？抑或它只是大众的错觉，让我们无视这样一个事实——不管如何努力，美国穷人到最后仍然是美国穷人？”我倾向于认为这更像是大众的错觉，而不是健康的神话，特别是在我年轻的时候，我热切地相信最终某人会在某地认可并奖励我。但最终，认可并奖励我的是我自己。

这种将努力工作视为一种美德和生活哲学的信念始于德国的一个教堂。埋头苦干有功、散漫懒惰有罪的宗教观念历经数百年来演变为一种经济政策，一种最大限度激励员工的手段。

归根结底，这个故事讲述的是工业家希望让更少的工人做更多的工作，利用劳作为善、闲散为恶的宗教信仰，反映了资本主义追求持续增长的本质。当时间能变成金钱，想要实现利润目标，就迫切需要从工人身上榨取更多劳动时间。

有趣的是，助长延长工时和提高生产力观念的马克斯·韦伯，在他的著作的结论中却表达了一丝疑虑。在断言“当禁欲主义从修道院的牢房走进日常生活时……它帮助构建了现代经济秩序的巨大宇宙”之后，他写道，机械已经控制了大多数人的生活，不知是否会继续决定他们的生活“直到烧尽最后一吨化石煤炭”，旨在改善人类生活的工业最终会变成一具“铁笼”。韦伯对我们可能耗尽资源并禁锢自我的担忧是有道理的，然而即使旧政策的灾难性影响已然显现，我们仍然被告知要继续工作，就像我们的父母和祖父母那样。

在 20 世纪初，作家们常常责备人们的懒散。约翰·坎迪·迪安（John Candee Dean）在 1920 年为《印第安纳波利斯星报》（*Indianapolis Star*）写了一篇文章：“在每天工作 6、8、10 甚至 12 个小时后，不要认为你剩下的时间可以浪费在享乐上。不要把时间浪费在‘电影’、剧院或街道上。如果能更好地利用所有的业余时间，你不仅可以经济独立，还可以成为一个有教养的人。”

此时，工作与身份正在融合。世上再无浅尝辄止，没有银行家又在写小说又在研究考古学——工业时代见证了工程师、发明家和亨利·福特这样的企业家的崛起。福特因其职业道德而闻名于世，他自传的摘要读起来更像是篇布道，而不是关于工业的论文。福特写道："工作是我们的理智，我们的自尊心，我们的救赎。有且只有工作才能让人们健康、富足和幸福"。

这一思想可以说改变了整个世界。时间就是金钱，空闲时间就是浪费金钱。这是现代所有压力的哲学支撑：时间宝贵，不可浪费。时间不是拿来打发的，是要用尽的。我们不再有真正的消遣时间也就不难理解了。

当工作能赋予一个人价值和功德的时候，不工作的人就会被视为无价值和不配。在亨利·福特的时代，对许多人来说，旷工一日比守家礼拜更令人不齿。宗教也许正在被工作所取代。事实上，有专家预测，到 2035 年，美国没有宗教信仰的人口将超过新教徒的数量。信仰衰落了，但它创造的职业道德仍然存在。

几乎在八小时工作制成为标准的同时，工人们就开始自愿延长工作时间，谋求晋升并赢得同事和经理的钦佩。"我们的社会以生产力、效率和潜力发挥的最大化来衡量个人价值，所以我们最好忙碌起来，否则我们将一无是处。"加尔文学院哲学教授丽贝卡·康恩迪克·德扬（Rebecca Konyndyk DeYoung）写道。

不过在 20 世纪初，普通工人显然还没有完全被这个故事打动。我的祖父母仍然在"浪费时间"从事园艺工作，参加社交俱乐部，花几个小时在国家公园里欣赏风景，却没有拍照并分享在Instagram 上。我们中的大多数人要再过五六十年才开始相信公司的说法。其实，这种对生产力、辛勤工作和效率的信仰在世界发生战争时就已经在表面之下暗流涌动。为了支持战争，高效生产不仅是一个目标，更是一种需求。

1918 年第一次世界大战结束后，经济学家对劳动和生产力进行了重新思考。结果“美国梦”的诱惑力越来越强，甚至大萧条也没有削弱约翰·梅纳德·凯恩斯（John Maynard Keynes）这位 20 世纪最具影响力的经济学家的乐观情绪。他在 1930 年发表的著名短文《我们孙子们的经济可能性》（Economic Possibilities for Our Grandchildren）中预测，大萧条只是金融雷达屏幕上的一个闪动光点，是暂时的，很快就会被遗忘。

凯恩斯预测，到 2030 年，人们每周只需工作 15 个小时，便足以吃饱穿暖。“自被创造以来，人类将首次面临他们真正的、永恒的问题——在科学和复利将人类从紧迫的经济忧虑中解放之后，闲暇时光究竟该如何度过。”

凯恩斯的预测并不正确，但这位伟大的经济学家的数字并没有算错。他预见到了技术的飞速进步、生产力和复利的提高，以及世界最终可以用更少的时间生产同样数量的财富。凯恩斯对未来的展望应该是准确的。那么，他到底哪里计算错了呢？

正如乔治敦大学经济学家卡尔·韦德奎斯特（Karl Widerquist）所说：“这种预测与其说是错误，不如说更令人费解：为何凯恩斯如此准确地预测到了一加一，结果却不等于二？在 1930 年的人们看来，经济继续增长，我们却还在为生存而挣扎，这是不符合逻辑的。”在凯恩斯的预测 90 年后，我仍未找到其中的逻辑。

为什么我们用勤劳的双手创造了如此多的财富，而我们中的大多数人却仍在艰难度日，更不必说为我们的下一代创造更好的局面？为什么我拥有洗碗机、微波炉和笔记本电脑，却比我的祖母有更多事情要做？

答案就在第二次世界大战结束到 1980 年的几十年间。凯恩斯至少有一点是正确的：大萧条只是工业革命驱动引擎的一个暂时性停摆。20 世纪 40 年代，军用飞机大规模生产，数以万计的妇女接替被征召服役的男性开始工作，她们就像一个除颤器，让资本主义软弱无力的心脏重新焕发了活力。

欧洲和美国在其全球范围内的军事行动中领悟到，制造业可以用比以前少得多的工人来实现令人难以置信的生产效率。尽管公民受到配给制度的限制，但男性劳动力向军队的大比例流动并没有对经济和生产力造成削弱。

在这个时间点，关于工时的斗争似乎已经尘埃落定。在第二次世界大战后的几年里，将一天三等分（八小时工作，八小时睡眠，八小时休闲）的做法似乎已经确立。朱丽叶·斯格尔在她的《劳累过度的美国人》中写道：“到 20 世纪 50 年代末，工作时间过长的问题已经——至少在专家们的脑海中——解决。四天工作制似乎也‘近在眼前’了。”

你看，凯恩斯并不是唯一认为工作时间很快会大幅缩减的人。进化生物学家朱利安·赫胥黎（Julian Huxley）认为，“当世界用两天就能够生产出所有必需品时”，人们每周将可以休息五天。到那时，“我们必须限制商品生产，并将注意力转移到如何度过新的闲暇时光这一重大问题上。”

1965 年，美国参议院一个小组委员会预测，到 2000 年，美国人将每周工作 14 小时，并有近两个月的假期。相反，现实是美国人平均只有 10 天的带薪假期，而且近 1/4 的人根本没有带薪假期。可悲的是，消费主义的兴起和收入不平等的加剧，让工作时间并没有缩减。

首先，许多员工开始利用他们的额外收入，不是为了减少工作，而是为了购买更多东西。经济依赖于增长，官员们便告诉民众，消费是爱国行为。市场营销成为一个主要行业，驱使人民去购买那些不必要但有吸引力的东西。圣诞节的成功似乎取决于消费者购买礼物的金额。

我们现在许多人以职务来定义自己的另一个原因是薪资等级。为了让所有员工都能从利润的增长中受益，利润的分配必须合理。但是，从 20 世纪 60 年代到今天，员工的薪资停滞不前或增长缓慢（经通货膨胀调整），而首席执行官的薪资却在骤增。凯恩斯认为，可以为所有人提供更悠闲的生活方式的利润被一小部分人拿走了。

虽然大众的商品成本下降了，但这些商品的销售利润却只属于一小部分人。工作、劳动和民主研究中心主任，历史学家尼尔森·利希滕斯坦说：“生产力带来的益处并没有平等分配。”许多引领零售业变革的公司都是在几十年前成立的，例如 1962 年 7 月开业的沃尔玛。

利希滕斯坦对我说："沃尔玛的伟大之处在于，零售业的生产力大幅提高，但员工受益却不平等。收入不平等是权力不平等的结果，这种差异是权力差异的结果。"例如，美国的私人财富傲视全球，但在经济合作与发展组织研究的所有国家中，美国的贫富差距位居第四。

这就是许多人觉得他们工作时间很长却没有在经济上取得相应进展的部分原因。他们辛勤工作的收益成了别人账户中的积蓄。根据经济政策研究所的数据，非管理人员的薪资在 1978 年至 2016 年期间的增长不到 12%。另一方面，如果加上股票期权，首席执行官的薪资则跃升了超过 800%。

我们惊叹于旧时代的英国公爵和德国男爵的奢华生活，但如今的高收入者的生活比《唐顿庄园》（Downton Abbey）㊀中的克劳利家族还要奢侈。唯一的区别是，今天首席执行官和员工之间的收入差距要比剧中格兰瑟姆伯爵和他的男仆之间的差距大得多。

因此，在工业时代站稳脚跟后，工人们投入了更多的时间，失去了自己的工具，与最终产品的关联也不如 19 世纪初时那样紧密。此外，加尔文主义"工作即是美德，休闲就是罪过"的信

㊀ 背景设定在 20 世纪 10 年代英王乔治五世在位时约克郡一个虚构的庄园"唐顿庄园"的迷你时代剧，故事开始于格兰瑟姆伯爵一家由家产继承问题而引发的种种纠葛，呈现了英国上层贵族与其仆人们在森严的等级制度下的人间百态。——译者注

仰已经转变为对资本主义的信仰：辛勤劳作，终有回报。

在美国，二战时期的那代人（所谓最伟大的一代）曾相信任何人都能获得成功。政治分析家贾里德·耶茨·塞克斯顿说："最伟大的一代认为，即使最终未能获得成功，他们至少可以证明他们尝试过、努力过。因此，努力的过程似乎比成功的结果更为重要。"似乎努力工作是身为公民的责任。

工作场所开始像家一样，有了厨房、餐厅和社交区——又多了一个无法离开办公室的理由。积年累月，到 20 世纪 70 年代，美国人在工作中投入的时间超过了法国人和大多数欧洲人，往日一去不复返。

人们开始习惯于职场的种种习惯——忙碌、内卷、效率至上——并开始把这些习惯带回家。特别是在美国、英国和澳大利亚，人们开始认为，他们在家里花费了很多时间在看似毫无价值的活动上，比如下棋和收藏硬币。

诺贝尔经济学奖得主加里·S. 贝克尔（Gary S. Becker）在 1965 年写道："不如说今天的时间比一个世纪前使用得更谨慎。当人们得到更多的报酬时，他们就会延长工作时间，因为工作比休闲更有利可图。"现在，美国人平均每年比英国人多工作 140 个小时，比法国人多工作 300 个小时。我们正在用休闲时间换取金钱，而且因为薪资增长有限，这个交易其实并不合算。

时间太宝贵了，不该用来烧烤或是观看棒球比赛，这种想法开始让人们感到焦虑，不知在非工作时间该做些什么。休闲成了压力。脑海中挥之不去的是那些本该赚到却没能赚到的钱。

截至20世纪70年代的几个世纪间，这种利用每一分钟赚钱的趋势不断发展强化。然而，在工作时间和自由时间之间、在办公室和家庭之间始终保持着某种若即若离的微妙平衡。

这种平衡即将失去。

第四章　时间就是金钱

他们给你一块手表，这很讽刺不是吗？

——贾里德·耶茨·塞克斯顿（Jared Yates Sexton）

我过去会给我的朋友精心录制故事录像带，记录我们生活中的轶事，再配上背景音乐。有一年圣诞节，我写了一首关于圣诞老人的诗，他觉得这个世界太愤世嫉俗了，所以想要辞职。这项小工程了花了几周时间，但之后我所有的朋友都收到了一张节日贺卡和一盒完整制作的故事录像带，并配有声音效果、镜头剪辑以及大量音乐。

我还曾经创作诗歌和剧本、制作精致的剪贴簿、参加舞蹈课、自绣毛巾，同时还要全职工作、上声乐课，并在专业的歌剧和音乐剧中表演。现在回过头来想，那个入不敷出、生活拮据的我，到底哪来这么多的时间？

实话实说，我感觉赚的钱越多，可以支配的时间就越少。其实我的情况也不是特例。在过去的二三十年里，曾经一直在工作的人（低收入者）现在反而有更多的富余时间，而高收入阶层的人则总是事务繁忙，不得抽身。

如果缺乏富余时间是因为职场，那么当我永远离开办公室环境时困难就该消失。如果这是因为企业期望，那么当我在 2018 年辞职时问题就该解决。然而，我发现作为雇主的我非但没有闲着，反而比作为雇员的我更加忙碌，这是怎么回事呢？

归根结底，还是时间的问题：我们与时间的关系，我们对时间的理解，以及我们赋予时间的价值。在工业时代之前，时间是以天或季节来计算的。而当工人开始打卡上班和下班时，我们对时间的理解发生了变化，我们如何享用休息时间也发生了变化。

请考虑一下由加州大学洛杉矶分校和多伦多大学的桑福德·德沃伊（Sanford DeVoe ）和朱利安·豪斯（Julian House）分别进行的这个实验。德沃伊和豪斯将他们的研究对象分成两组，分别欣赏列奥·德里勃（Leo Délibes）歌剧中优美的“花之二重奏”的前 86 秒。如果你没听过，可以找一张唱片，闭上眼睛聆听这首精致的歌，女高音和女中音在紧密的和声中合而为一，中间的高音 B 的跃动，总是让我激动不已。

歌词部分写道：“在穹顶之下，茉莉花来迎接玫瑰花，在花坛边，鲜艳而明亮。来吧，我们将加入它们，与潮水一起滑行，穿过闪闪发光的小波浪，轻快而漫不经心地荡起双桨。”德里勃创造了一个迷人的旋律，诗意得以完美呈现。

研究对象必须填写简短的调查问卷。在他们开始听歌之前，其中一组被要求回想一下他们的时薪，而这一组更迫切地希望音乐赶紧结束。请记住，他们听到的华丽音乐才不到一分半钟。但是，正如德沃伊所说：“他们想赶紧结束实验然后做一些有利可图的事情。”

这些研究对象所感受到的正是时间的稀缺性。随着某样东西的价值上涨，它似乎变得更加稀缺，更加珍贵。所以你感觉你的时间有限，即使并没有，只是你的感知发生了变化。

当我们的收入取决于我们的工作时间时，这种时间既稀缺又昂贵的顽固意识就诞生了。《经济学人》（*Economist*）杂志在2014 年 12 月说："自 18 世纪首次使用时钟同步记录劳动以来，时间就被理解为与金钱有关。一旦时间在经济上被量化，人们就开始关心浪费、节约或有利地使用时间。随着经济的增长和收入的增加，每个人的时间也更有价值了。而越是有价值的东西，越是显得稀缺。"也就是说，你赚的钱越多，就越会相信没有时间可以浪费。这解释了为什么我们的收入越高越感到不堪重负、不知所措。

事实是：我们大多数人的工作时间**并不**比 10～20 年前多，我们的平均工作时间还减少了。感到惊讶吗？让我解释一下。

工作不多却感到不堪重负的趋势始于大约 20 年前。盖洛普（Gallup）咨询公司在 2011 年的一份报告中指出："美国就业人员觉得，赚的钞票越多，可支配的时间越少。"现实情况是，当计算纯粹的工作时间时，美国并不在榜首。在每周平均工作时间的排名中，美国排在第 14 位。墨西哥、哥斯达黎加、韩国和希腊的工作时间都在 40 小时或以上，而美国人的每周平均工作时间约为 34 小时。（记住，这是所有就业人员的平均数，包括那些兼职工作。）

尽管工作时间更少，但倍感压力的并不只有美国人。欧洲的一些机构正在研究由"繁重的工作量"和"过长的工作时间"等引起的工作相关的精神压力。近 1/4 的欧洲就业者说他们遭受着工作相关的精神压力，1/5 的英国人表示他们觉得自己的生活已经失去了控制。然而，尽管人们抱怨工作时间长，但瑞士、意大利、比利时和法国的全职员工每周的工作时间其实比 19 世纪的工人少 20～30 小时。

如果你仔细阅读所有基于**自我报告**的调查，也就是让人们自己描述他们的时间是怎么安排的，你会觉得所有人几乎每时每刻都在工作。许多女性告诉生产力专家劳拉·范德卡姆（Laura Vanderkam），她们每周平均工作 60 个小时。但让她们记录下准确时间后，范德卡姆发现她们实际上每周平均工作约 44 个小时。

得克萨斯大学的丹尼尔·哈默斯（Daniel Hamermesh）将这种现象称为“雅皮士的抱怨”（Kvetch 是意第绪语的“抱怨者”），但我认为这个短语不该具有贬义，原因如下：根据家庭与工作研究所的一项研究，超过半数的美国员工经常**感到**劳累过度或不堪重负。该非营利性研究所的主席埃伦·加林斯基（Ellen Galinsky）告诉美国广播公司新闻频道：“许多美国员工已接近崩溃临界点。”我不认为所有这些人感到的精神压力是想象出来的，为了抱怨而抱怨。我认为他们的感觉是真实的，因为我也有**同感**。

近 1/4 的人告诉研究人员，他们只有一天的假期，或者每天都在工作。薪资服务公司沛齐（Paychex）的研究显示，大多数员工每周至少有三天感到压力满满。美国职业安全与健康研究所的研究表明，大约 40%的员工感到“劳累、压抑、焦虑、抑郁甚至几乎得病”。

不管人们的实际工作量如何，这些人感受到的精神压力是非常真实的，应该认真对待。精神压力对一个人的健康来说是危险的，从商业意义上来说也是昂贵的。我第一次开始反思自己的习惯，是在不到五个月的时间里两次得了重病之后，我总共在床上躺了 14 天，还要在恢复期间继续工作，感觉糟透了。

美国压力协会指出，超过半数的就诊者患有的疾病是与精神压力有关的。据估计，仅美国的企业每年因员工压抑和焦虑而缺勤的损失和支付的医疗保健费用就超过 3000 亿美元。如果你了解到至少有 25%的欧洲人患有同样的症状，你就可以理解这个全球问题的体量和严重性了。

这里还有一个数学上的细微差别：虽然我们现在的工作时间比过去少，但却不清楚究竟少了多少。虽然数据似乎表明，许多人过高地估算了他们的工作时间，但实际上要准确计算人们的工作时间是相当困难的。我们无法得知在这个历史节点人们的工作时间是多少，因为工作生活和家庭生活是如此紧密地纠缠在一起。

我们现在回家时也带着工作，晚上 9 点要回邮件，出去吃饭时要打电话。这就是为什么我没有时间录制故事录像带和参加舞蹈课了。但渗透是双向的。我们在工作的时候也做了大量的与工作不相干的事。我们订机票、买新鞋、约餐位、给亲戚发短信。如果你每天花几个小时上网购物，统计人员是否应该从你的总工作时间中减去这些时间，然后再加上你在餐桌上给同事写纸条的时间？

隆德大学的罗兰德·鲍尔森（Roland Paulsen）的研究表明，员工在工作日中大约有一半的时间都在“网上摸鱼”（cyberslacking），或者做与他们主要工作职责无关的事。一半以上的网上购物是在上午 9 点到下午 5 点之间进行的，几乎 2/3 的色情网站流量出现在工作日。很少有正经工作要观看色情视频，所以我将其列入“工作不相干的事”应该没什么问题。

诚然，家庭和办公室之间的界限已经模糊，我们中的许多人也从未真正离开过工作。不难看出，全球大多数人都在经历堪培拉智库澳大利亚研究所形容的“被污染的时间”，即不得不在非工作时间处理工作职责，随叫随到，甚至连思想也要用来思考和解决工作有关问题的现象。

该研究所的副所长乔希·费尔（Josh Fear）写道：“被污染的时间是过去几十年来劳动力市场愈加‘灵活’的诸多后果之一。这种灵活性往往为雇主带来更多好处。”在这种情况下，“灵活性”意味着你不会因为在工作时间接听配偶的电话而被解雇（在大多数情况下），但你也会被要求在星期六上午 10 点立即回复老板的电子邮件。在非工作时间最常见的工作任务就是阅读和回复电子邮件。

请像我一样扪心自问：你对工作生活和个人生活之间的平衡感到满意吗？你是否经常有时间做与工作无关的事情，不用总想着工作或者查看收件箱？不去想你的工作很关键，因为每当你点击那个信封图标，你就是在“污染你的时间”。

奋斗者的窘境

随着我们的工作侵占家庭生活、家庭生活侵入工作时间，当下许多人感觉从未与工作完全分离，似乎我们是 24 小时待命。这可能会对人们的身心造成极大的伤害，也解释了为什么人们觉得工作时间更长，觉得没有真正地打卡下班。如果问他们工作了多少小时，他们回答的可能只是那些在办公室度过的时间。

我认为那些关于人们工作时间的统计数字并不能让我们了解到现代工作量的全貌。人们正在经历的那些重负和压力是真实存在的，而所有这些精神压力对人们健康和幸福感的影响可能是灾难性的。

即使人们寻求治疗由工作中精神压力引起的相关疾病，他们往往不愿意减少工作时间或在休息时间停止工作。我的医生嘱咐我休息一段时间，我也完全打算这样做，但最终我的习惯没有丝毫改变。许多人认为，为了保住工作，我们必须一直待命，而公司的政策和高管的信息可能进一步强化这种想法。

然而，长时间工作对企业有利的观念至少已经过时了半个世纪。也许鲍勃·克拉齐特（狄更斯小说《圣诞颂歌》中的人物）需要每天工作 14 个小时来记录斯克鲁奇（鲍勃的雇主）的所有金融交易，但如果使用今天的技术，他在几个小时内就能完成这些工作，然后回家与他的孩子们一起玩耍。此外，小蒂姆（鲍勃的小儿子）的疾病也不再是绝症，只要定期多喝点富含维生素 D 的牛奶就能治愈。

计算机信息处理技术和通信工具的进步让许多工作不再费时费力，但我们仍是蹑手蹑脚、步履艰难，好像数字革命从未发生过一样。21 世纪的企业管理仍然遵循着 19 世纪的思维模式。

帕金森定律（Parkinson’s Law）可以从一定程度上解释这种状况：“只要还有时间，工作就会不断扩展，直到用完所有的时间。”这不是科学原理，而是历史学家西里尔·诺斯古德·帕金森（Cyril Northcote Parkinson）首先提出的一句格言。

这意味着当合同规定每天工作 8 小时但其实只有 5 小时的有效工作时，我们会把任务扩展，直到用完所有的时间，就像 1 立方英尺的氮气扩散并填满整个房子。我们召开会议、讨论琐事、发送邮件、创建日程、增加复杂的内容，直到我们每周用完整整 40 个小时来完成 25 个小时的有效工作。

虽然从理论上讲，雇主都喜欢把事迅速办成，但在实践中往往并非如此。牢记“时间就是金钱”原则。根据品质、创新性或创造性地解决问题等主观测量标准来评价员工的表现是异常困难的，而记录员工的工作时间以及任务是否按时完成则是简单易行的。工作品质虽然很难衡量，但工作时间可以。

当时间成为一种被普遍接受的货币时，根据工作时间的多少来支付工资和给予奖励也就水到渠成了。如果老板分配给你一个项目，你最好夸大估计项目的难度和期限。你花了几个星期的时间去“深耕”这个项目，还是几天内就草草完成，老板都会看在眼里，记在心里。（我并不是建议你在工作中养成欺骗的习惯，只是指出目前的系统有多不合理。）

无论你的实际工作需要多少时间，都必须上班八个小时，这导致人们在上班的同时做着网上购物、预约医生等私事。如果你在办公室关门后回家再做这些私事，还能来得及么？对于大多数人来说，当他们专心在办公室工作时，并没有配偶在家处理这些私事。系统要求我们把家庭生活带入办公室，反之亦然。

在大多数情况下，工作向家庭渗入是在第二次世界大战和2010 年之间的几十年里，由经理和雇主有意煽动的。因此，让我们把历史的时间轴拉回到 1980 年。

迅速回顾一下当时的情况：9 月的入侵揭开两伊战争的序幕，11 月罗纳德·里根（Ronald Reagan）当选美国总统，12 月约翰·列侬（John Lennon，英国摇滚乐队“披头士”的成员）被枪杀，第二年春天玛格丽特·撒切尔（Margaret Thatcher）成为英国首相。

在里根和撒切尔时代，工作世界再次发生彻底改变，虽不如工业革命时期那样广泛，但酝酿了百余年对劳动态度的转变进一步深化。美国开始推行基于所谓“涓滴经济学”的政策，相信社会中最高收入者的收入和财富增长也会帮助贫困阶层和中产阶层，因为钱会从上面“一滴一滴流下来”。

这也是人们坚信经济可以持续增长的时代。国家经济的健康状况是以国内生产总值（GDP）来衡量的，而股票价格在很大程度上取决于对利润增长的预测，而非稳定性或韧性。公司仅仅达到预期是不够的，投资者希望公司能够超越预期。

然而，一个经济体指望能够持续不间断地增长终究是不可持续的，许多经济学家已经开始质疑那些基于无止境增长的经济政策。这个问题实际上已经成为许多金融市场观察者争论的焦点，期刊作者克里斯托弗・凯切姆（Christopher Ketcham）称持续增长的梦想是“工业文明的统一信仰”。

虽然收入理应继续增长，人们也理应愿意购买更多产品，但用于制造这些产品的资源是有限的。我当然不指望在短短几页中解决这个问题，因为经济学并不是一门精确的科学，可能并没有明确的答案。有一个老笑话，如果把 10 个经济学家放在一个房间里，最后会得出 11 种意见。我对这场辩论感兴趣单纯是出于它对我们工作生活的影响。

罗马俱乐部秘书长、《进步的终结》（*The End of Progress*）一书的作者格雷姆・马克斯顿（Graeme Maxton）告诉我：“我们需要经济增长来创造就业和减少不平等，经济增长是一切的关键，我们认为这是‘常识’。”马克斯顿说，这就是现在许多地方的收入差距比两百年前还大的原因。每当利润下降，恐惧都会驱使高管们采取极端措施，比如裁员和要求剩下的员工工作更长时间。而全球性事件一次又一次地激发了这种恐惧。

许多工业化国家在 20 世纪 80 年代经历了令人难以置信的金融动荡。自第二次世界大战以来，已经发生了四次全球性的经济衰退，其中三次发生在 1975 年至 1991 年间。历史上的经济衰退往往导致雇佣关系发生重大变化。

经济衰退来临，利润下降，许多公司的第一反应是削减人员编制。保住工作的员工往往被要求接过被解雇的员工留下的任务和职责，而且还不太可能抱怨工作量的增加，因为他们担心自己也会被解雇。近年来，每周的工作时间确实没有增加多少，但每年的工作时间却急剧增加了。

在 20 世纪 90 年代，美国人一年的工作时间几乎增加了一整周。在多次经济衰退之后，休息日消失了，休假的时间也减少了。

而这一切悲剧的注脚是，人们牺牲了个人生活，却没有任何实际意义。更长的工作时间并不意味着更多的收入。根据美国人口调查局的数据，如果平均收入与整体经济同步增长，美国大多数家庭的收入应该约为 92000 美元，而不是 50000 美元。

然而人们仍然相信，只要足够勤奋努力，就可以跻身财富的最高梯队，或者证明能够胜任自己的工作。在 1970 年之前的几年里，工作时间开始不断攀升，很多人的休闲时间减少了大约 1/3。社会学家朱丽叶·斯格尔在她的《劳累过度的美国人》中指出，人们工作的时间越来越长，睡觉和吃饭的时间越来越短，速食快餐越来越受欢迎。“父母对孩子们的关注越来越少，精神压力越来越大，部分原因是调和工作生活和家庭生活的‘平衡行为’。”

以上主要适用于全职工作者。在过去的 40 年里，经济衰退和大规模裁员反复上演，越来越多的人失去工作、未能充分就业或只能自谋营生。历史学家尼尔森·利希滕斯坦向我解释说，大多数个体经营者并非出于自愿。

人们自谋营生常常是因为他们无法在公司或机构中找到合适的职位，或者需要从事多种自由职业。主动选择自谋营生的我算是个特例，而我这么选择的原因有二：一是我有这个能力，二是在给别人打工时我的生活近乎失控。作为自己的老板，我至少可以命令自己休息一段时间。

人们现在可能认为，增加工作时间能够完成更多的工作，相应地也会带动生产力的提高。在一段时间内情况正是如此：在20 世纪 90 年代和 21 世纪初，全世界大多数国家的生产力都有所提高。

设想一下：当生产力提高时，公司可以选择生产更多的产品或工作更短的时间。毫无疑问大多数公司会选择前者。技术进步神速，我们中的大多数人本可以获得与祖辈相同的生活水平，而每年只需要工作一半时间。朱丽叶·斯格尔写道："我们其实可以选择四小时工作制，或者每年只工作六个月。**或者，每位美国就业者现在都可以工作一年休息一年——而且是带薪的**（斯格尔在此特别强调）。"

让我们暂且想象一下工作一年休息一年的生活会是什么样子。你会怎么利用这些时间？如果你可以连续 365 天不用早起床上班或回复邮件，还不用担心丢掉工作或无法升职，你又该如何度日？

可悲的是，我们通常无权选择如何利用生产力提高所带来的好处。我们中的大多数人对公司如何使用我们的劳动所得没有发言权，做决定的通常是首席执行官或董事会，而那些利润往往呈现为股东的红利或高管的奖金。

而我们则需要工作满 40 个小时，因为这是薪资要求的；而且我们往往会工作更长时间，还没有加班费，因为这是管理者要求的，即使他们既不懂得如何提高生产力也不知道怎么利用生产力提高所带来的好处。

奋斗者的窘境

在20世纪80年代和90年代，努力工作已经彻底为社会所崇拜，而当时发生的一场革命，进一步巩固了自食其力神话的主导地位——科技亿万富翁的崛起。

微软公司成立于1975年，苹果公司是1976年，亚马逊是1994年，雅虎是1995年，谷歌是1998年。这些公司现在都是巨头，但起初大多是几个人默默无闻地努力研究新型软件，最后他们的产品大卖特卖大获成功。

当微软的年收入还只有1600美元时，比尔·盖茨（Bill Gates）说他每天早上4点起床，工作16个小时，有时在办公室里过夜。史蒂夫·乔布斯（Steve Jobs）告诉《时代》（*Time*）周刊，他要到上午9点才到苹果公司的办公室，但其实已经在家里工作了一两个小时。

在旁观者看来，最成功的人都是像奴隶似的在电脑前从黎明工作到黄昏，有时甚至更长。企业家马克·库班（Mark Cuban）说，他在创业的前7年都没有休假。杰夫·贝佐斯（Jeff Bezos）和他在亚马逊的同事说，在20世纪90年代中期他们每周工作7天，每天工作12小时，玛丽莎·迈耶（Marissa Mayer）说她在谷歌时每周工作130小时。这个名单可以一直列下去。

常有人将这些摇滚明星般的CEO形容成**工作狂**，而且饱含赞美或尊重之意。马克斯·尼森（Max Nisen）在《商业内幕》（*Business Insider*）中写道："如果你发现自己又开始打瞌睡，不妨从（这些高管身上）汲取些灵感。"在加州硅谷附近工作的咨询师阿尼姆·阿尤（Anim Aweh）告诉《纽约时报》（*New York Times*）："每个人都想成为模范员工。一位女士对我说：'人们期待的并不是你聪明地工作，而是努力地工作，只是做、做、做，直到你做不下去为止。'"

这种压力主要来自于现在的企业结构和文化。正如我提到的，评价一个人工作表现的最简单的办法就是看工作时间，所以工作时间长往往能够获得认可和奖励。如果老板碰巧在六点钟经过办公室，看到你坐在办公桌前，眉头紧皱，疯狂地打字，那么你看起来很像是一个敬业和投入的员工。你旁边的空桌子则可能表明你的同事对待工作没像你这样认真。

我们已经内化了这些价值观，我们中的许多人都自愿成了忠实的信徒。我们已经皈依了长时间工作的宗教，并坚信不间断地工作不仅是获得晋升的最佳方式，也是最好的**生活**方式。你在任何地方都能找到一些建议，教你如何"破解"习惯以取得更好结果。互联网上充斥着关于如何不休不眠以争得在事业上先人一步的文章和建议。

一位叫加里·维（Gary Vee）的企业家通过撰写赚钱和提高个人影响力的建议，四次登上了畅销书排行榜。他告诉粉丝们："在过去的 20 年里，每天工作 19 小时对我来说并非难事，因为这就是我做事的速度。"一口气至少工作 12 小时被他称为"通往成功的最短路径。

显然他是错的。一项又一项的研究表明，长时间的工作会产生反作用，而且随着时间的增加，回报会越来越少。但大多数人凭直觉认为，越努力越容易出人头地。时间就是金钱，所以更多的时间就等于更多的金钱，没错吧？“如果你想要金光闪闪的东西，如果你想买私人飞机，工作吧！这是唯一的办法。”加里对粉丝们说。

我们被这种说法吃定了。它**听起来**是真的，似乎加里·维和比尔·盖茨就是这样，所以许多人也选择不休假，因为害怕因此而处于不利地位。很多员工没有带薪假期，而那些有带薪假期的也常选择不休假。

佐治亚州南方大学的贾里德·耶茨·塞克斯顿告诉我他在一次教员会议后无意中听到的一段对话。他说：“我的一位同事对另一位同事说：‘她休了很多假期。’那是一种侮辱，言下之意是她在偷懒，夏天时她没有在一直工作。”员工手册要求整个夏天都要工作，还是允许在某个海滩上放松并不重要，上面没有明确规定的政策往往是通过羞辱来执行的。

这是一个特别美国的问题。美国是经济合作与发展组织中唯一不要求雇主为雇员提供带薪假期的国家。在欧盟，员工保证至少有 20 天的带薪假期，而欧洲人一般都会很好地利用这些时间。

讽刺的是：坚持在岗工作很可能事与愿违，会阻碍你的职业发展。尽管美国人说他们因可能受到惩罚而害怕请假，但研究表明，休假 11 天以上的人比休假 10 天或更少的人更有可能获得加薪。

我发现我自己的生活也是如此。我越是拒绝演讲的邀请，热心地守护我的休息日，我收到的邀请就越多，出场费就越高。自

2014 年以来，我减少了工作时间，但我的收入却翻了两番还多。我并不是说减少工作时间会带来更多的收入，但肯定没有让我损失任何收入或职业声望。

最近，我在《哈佛商业评论》上读到营销策略师多里·克拉克（Dorie Clark）的一篇文章，感到非常震惊。克拉克警告说，请假往往意味着落后，并强调每时每刻都应该与人建立联系。克拉克写道："对自己说'多放点假吧，这是你应得的！'很容易也很诱人，但真正的问题是，你是否已经准备好最大效率地利用你的假期——真正投入必要的时间和精力，拥有你想拥有的那种品格和专业。"

请不要"最大效率地利用你的假期"。事实研究表明，如果你把假期时间真正从工作压力中分离出来，你更有可能在回到工作中时精神焕发，表现优异。"最大效率地利用你的假期"可能会适得其反，导致你在工作中犯更多的错误，做出糟糕的决定。

几十年的研究推翻了这种不断的"小忙碌"有助于成功的理论。反复研究表明，休假可以提高生产力、创造力和创造性解决问题的能力，甚至可以增强身体免疫力，使你免于生病。那么，为什么美国人就是不休息呢？因为我们已经被洗脑，相信努力工作本身就是成功的关键。

在一篇抗议硅谷不正之风的专栏文章中，丹尼尔·海涅梅尔·汉森（Daniel Heinemeier Hansson）指出，查尔斯·达尔文（Charles Darwin）每天只工作 4 小时，科比·布莱恩特（Kobe Bryant）在休赛期每天只训练 6 小时。汉森是 Basecamp 公司的创始人，也是畅销书《重塑工作》（*Rework*）的作者，他说："不要对我说，成立一个该死的创业公司有什么特别苛刻的，能比撰写《物种起源》（*The Origin of Species*）或赢得五枚总冠军戒指还要费时费力。这是胡说八道。兜售这些言简意赅却又言不由衷的废话的人，要么是需要一种话语权来解释他们付出了多少牺牲，蒙受了多少遗憾，要么是身居高位，视他人生命和幸福如草芥和炮灰。"

也许你以为这都是汉森的夸夸其谈，但他已经用真金白银践行了他的哲学。汉森的员工每年大部分时间每周工作 40 个小时，在夏季每周只工作 32 个小时。在 2017 年的一篇专栏文章中，他写道："工作狂是一种疾病。我们需要为那些受影响的人提供治疗和应对建议，而不是为他们的苦难加油打气。"如果工作狂是一种疾病，那它就是最糟糕的那种：我们不承认自己生病了，因而也就不寻求治疗。**工作狂**不应该成为一种恭维或荣耀，它应该是一种需要帮助的呼声。

如果在读了这些之后，你仍然相信必须每周工作 40 小时以上，相信事半不能功倍，请让我再试着说服你。有一个单位，他们尝试发现当人们走下超时工作的跑步机后会发生什么，这次探索之旅也许会让你的想法产生动摇。

2015 年，欧洲最大的医院之一瑞典哥德堡萨尔格伦斯卡大学医院（Sahlgrenska University Hospital）的管理人员担心员工精疲力竭，决定减少骨科诊室的工作时间，100 多名护士和医生开始每天工作 6 小时。可以想象，在一个休息室设有折叠床供护士和医生小睡，以加班加点而闻名的行业中，这个决定是多么具有革命性。

可以肯定的是，管理人员对这一尝试也提心吊胆，但自从减少轮班后，骨科诊室的表现和效率非但没有降低，反而有所提高。执行主任安德斯·海坦德（Anders Hyltander）告诉《纽约时报》，病假几乎消失不见。海坦德说："多年来，我们一直以为每天工作八小时是最佳状态。但是，如果想更高效，不妨对新思路持开放态度。"

旧思路是更长的工作时间等于更多的工作和更优秀的人。这个思路的确非常陈旧。虽然企业管理层在某种程度上有意让人们相信，长时间的工作会让你成为更优秀的人，更容易获得成功，但这种错觉在某种程度上也是我们工作环境"改善"的无意结果。例如，高管们一再置办舒适的沙发、野餐桌以及精心布置的中庭，希望员工们更有家的感觉，其初衷大多是善意的。

员工们要在办公室待上很长时间，管理层希望工作环境尽可能得漂亮和舒适。结果，对许多上班族来说，办公室和家里的舒适程度没有什么区别，办公室"感觉"就像是第二个家，管理层为了促进同事之情又错误地提出了"我们都是一家人"的说法。

但办公室不是你的家，同事也不是你的家人。你可能随时被解雇，但却很难脱离家庭。我希望你所在的职场没有让人难以忍受的复杂人际关系。在家庭式的环境中，工作使我们产生错觉，让许多人误以为可以通过工作来满足他们对社会关联性和归属感的需求，尽管通常情况下并非如此。

虽然创建一个安全、舒适和有助于发散创造性思维的环境很重要，但在上班和下班之间要有明确区分同样重要。哥伦比亚大学教授西尔维娅·贝勒扎（Silvia Bellezza）告诉我："工作已经不仅仅是工作了。现在的工作能够满足一部分社交需求，而以前这部分社交需求只有与家人和朋友在一起才能满足。"随着个人生活变得更加寂寞和孤立，很多人宁愿留在办公室，在那里他们至少还有一些交际。

另一个具有误导性的做法就是创建开放式办公环境。这种做法的动机是卓越和积极的：高管们试图创建更有凝聚力的团队，并鼓励社交与互动，但其效果却恰恰相反。多年的研究表明，开放式办公室的设计实际上**降低**了人们交谈的可能性，缺乏私密性会产生精神压力并阻碍创造性思维的诞生。将员工公开展出，他们就退缩了，该责怪员工吗？而许多专家曾预言开放式办公室可以提高生产力，但结果又恰恰相反。一些经理认为，可以通过让员工难以隐藏他们的所作所为来诱导他们专注于工作。但是，哈佛大学组织行为学教授伊森·伯恩斯坦（Ethan Bernstein）发现，当墙壁倒塌后，员工会花费**更多**精力来掩盖他们的活动。他们找到了离开办公室或在休息室逗留的新理由；有些人为了与同事交流而不被监听，甚至创造了秘密代码。员工们开始利用可以关门的会议室或者提前到办公室，在无人的环境中单独工作。伯恩斯坦建议："创建隐私区在某种程度上可能会提高员工表现。"

我知道通常很难预见我们的选择所带来的负面影响，特别是当我们的目的是让别人的生活变得更好时。在这里，让我们再看看欧洲和美国之间的一个显著区别。长期以来，欧洲的商店在周末是不开门营业的。德国、丹麦、匈牙利、西班牙和英国等在最近才刚刚解除周日购物禁令，而这种禁令在波兰仍然有效。

许多人可能认为这种政策带来很多不便。当然，在一周的任何一天都能买到衣服和工具是比较方便的，但西尔维娅・贝勒扎说，美国人已经为周末购物的便利付出了代价。“欧洲人需要在工作日处理日常琐事，所以他们会准时下班。在美国，购物没有时间限制，有些商店 24 小时都在营业。”这意味着人们愿意留在办公室，不担心这会影响他们处理家庭琐事。

也许最有灾难性的“好心办坏事”可以追溯到 20 世纪初的亨利・福特。1926 年 5 月 1 日，福特汽车公司成为最早为其雇员实行每周 40 小时工作制的公司之一。福特在 1914 年将工人的日薪提高到 5 美元，这一决定对各地的劳工产生了深远的影响，并帮助创造了一个新的消费者阶层：雇员的可支配收入能够买得起他们所制造的车辆。福特常被认为是促成了美国中产阶级诞生的功臣。

虽然将工作时间限制在不超过 40 小时的决定对于工作和生活的平衡意义非凡，但福特告诉记者，他的动机更多是出于资本主义而不是慈善事业。福特对《世界工作》（*World's Work*）杂志说：“在一个不断增长的消费市场中，休闲是一个不可或缺的因素，因为劳动者需要有足够的空闲时间来消费产品，包括汽车。”

换句话说，福特提高工人的工资让他们有钱购买他的产品，限制工人的工作时间让他们有时间去购物。很多公司都效仿福特的做法，优秀工人就是要成为本公司的忠诚顾客。最终政客们也响应了这一号召，鼓励公民以购物消费彰显对国家的热爱。例如，在“9.11”事件发生两周后，乔治·W. 布什（George W. Bush）总统鼓励民众说：“做你该做的事……去吧，享受吧，带上你的家人，带他们去佛罗里达的迪士尼乐园。”

消费有益于国家健康的观点是最近才出现的，而在那之前，过度消费被认为是不道德的，负债被看作是一种性格缺陷。在19 世纪，欧洲许多地方的政府在当地邮局，甚至在一些学校创建了储蓄银行，鼓励年轻人把钱存起来。

“彼时兴起的储蓄文化在许多发达经济体中持续至今。”《力不从心》（*Beyond Our Means*）一书的作者谢尔登·加隆（Sheldon Garon）写道。我不必提醒你 19 世纪正是工业革命的全盛时期，所以这种从储蓄到消费的转变只是我们机械化后的另一个变化。

欧盟的家庭储蓄率徘徊在 10%左右，这与美国 1960 年时的情况接近。如今美国人的储蓄率已经下降到 2%左右，而且美国人的消费方式可能正在蔓延。2017 年，英国公民的支出首次超过了他们的收入，这是 30 年来的第一次。澳大利亚也出现了类似的变化：储蓄率从 1959 年的 10%左右下降到 2018 年的 2%多一点。

许多国家会鼓励公民多购物，这样企业才能获得高利润。原理如下：20 世纪的生产力提高了，但工作时间却保持不变。过去 40 个小时可以制造出 100 台电子游戏机，现在能制造出 150 台，而这额外的 50 台游戏机要卖到哪里？企业显然不想花钱把这些商品储存在库房里，而且在出售富余的商品时，他们也不给员工休息时间。

因此只能诱导消费者更多地去消费才能保持业务的强劲。哥伦比亚广播公司采访观察频道（CBS's MoneyWatch）的拉里·莱特（Larry Light）写道："美国在节假日可能得到的最大礼物就是美国消费者的购物狂欢，他们现在是推动经济发展的主要引擎。"佛罗里达州当地一个机械师工会的官员在 2011 年写了一篇专栏文章，宣称"美国经济问题的答案就在我们自己的后院，答案即是购买（美）国货"。

近年来，年轻人抵制了这种压力，并因此被社会所指责。千禧一代选择把钱花在体验上而非实物上。年轻人选择工作的首要因素并不是高薪资，而是相同的价值观；他们中的 84%认为改变世界是他们的职责所在。不出意外，全球都在指责千禧一代扼杀了钻石市场、百货商店、汽车业、旅游业和赌场。

请记住，将生产力提高的收益用于生产更多产品而非缩短工作时间的选择是我们共同做出的。因此，随着供应的增加，许多曾经的奢侈品的成本迅速下降。从 20 世纪八九十年代开始，中产阶级家庭也可以拥有不止一台电视机。第一部手机摩托罗拉 DynaTAC 在 1983 年的价格约为 4000 美元，20 年后第一代 iPhone 的价格为 600 美元。在 20 世纪 80 年代初，一个微波炉的价格接近 600 美元，而今天我路过当地的塔吉特商店时发现一个大型微波炉正在打折，价格不到 40 美元。

当影响国家经济的各种因素正在互相角力之时，一场精彩的文化演变在 20 世纪末出现了。撇开收入光谱的两端（亿万富翁和他们的百万富翁朋友，以及另一端的穷人），出现一种强调忙碌高于奢侈的文化。人们不再吹嘘他们的平板电视，而是开始“抱怨”他们繁忙的日程。拥有一部 iPhone 无法凸显你的身份地位，因为 iPhone 几乎人手一部。取而代之的是，人们越没有空闲时间，越能赢得更多尊重。

当我坐火车游历全国时，一位从波士顿到纽约的年轻女性问我是否被解雇了。“我只是无法想象你哪来的这些时间。如果我休息两周，我所在的部门会彻底垮掉，毫不夸张。”她对我这样说。我认为她的部门没有她依然能运转，但她传递的信息很清楚：我是不可或缺的。我很忙，因为我很重要。

这不是在坐火车时收集的一则轶事而已。抱怨我们的时间太少已经成为 20 世纪 90 年代末和 21 世纪初最常见的行为之一。研究人员多年前就注意到了这种变化，并开始调查忙碌成为地位象征的这种现象。

1899 年，经济学家和社会学家索尔斯坦·凡勃伦（Thorstein Veblen）出版了他那本极具影响力的《有闲阶级论》（*The Theory of the Leisure Class*）。他在书中说，个人成功最有说服力指标之一是“炫耀性放弃劳动”。凡勃伦可能会倍感惊讶，在随后的 100 年里，有闲并不意味着成功，而是意味着贫穷。

这个问题在美国、加拿大、澳大利亚和英国尤为突出。研究表明，人们认为戴着蓝牙耳机的人（大概需要整天处理多项任务和接听电话）比戴着有线耳机的人（可能只是在听音乐和放松）地位更高。此外，当我们在两个相似的人中进行选择时，我们会说更忙的人更重要。

从本质上讲，吹嘘自己有多忙会给人一种很有价值和被需要的印象，就像我在火车上遇到的年轻朋友一样。人们不再穿搭昂贵的产品和服饰，而是通过忙碌彰显吹嘘自己的内在价值和智慧。他们可能会大谈日历上的各种预约和任务，或者收到邀请时就回应说“我得看一下我的日程表”。当你问他们怎么样时，他们可能不会说“很好”，而是说“很忙”。

长期性忙碌在美国等国如此普遍，而在意大利等国却不常见的原因之一是美国人有重视博得的地位的传统，也是自食其力神话的副作用。彰显你固有价值的不是你的姓氏或净资产，而是你密密麻麻的时间表。此外，没有空闲时间表明你工作很努力，而努力工作几乎立即就能得到尊重。

这并不是说昂贵的商品不再受到追捧或不再用来象征地位。1899 年，在论及“炫耀性消费”（conspicuous consumption）时，凡勃伦谈到了人们普遍渴望购买更多不必要但价格昂贵的物品。“起初，休闲是第一位的，并将浪费性消费远远抛在身后。但从这一刻，消费的地位不断提高，现今已然占据了首要地位。”对于那些最高收入者来说，他们仍乐于购买越来越大的房子、直升机和游艇，这种观点仍然成立；但对于其他人来说，情况已经发生了变化。

炫耀性消费在 20 世纪末达到了顶峰。1970 年，瑞典经济学家斯塔凡·林德（Staffan Linder）写了一篇关于“疲惫不堪的有闲阶层”的文章。之所以说“疲惫不堪的”，是因为可购买物品的数量及其相对可购性呈爆炸式激增——无论收入水平如何，人们总能买些什么——这就造成了一种特殊的压力。

在 20 世纪 80 年代和 90 年代，曾经那些远远超出中产阶级购买力物品的成本在迅速下降。生产力在稳步增长，制造商的仓库堆满了货物，价格还在不断下降，吸引着人们带走货架上的各类产品。

经济学家们开始意识到，约翰·梅纳德·凯恩斯可能是错的，人们工作不只是为了购买他们**需要**的东西。为了一次又一次地体验那种获得新事物而产生的快感——好像大脑被注射一针多巴胺——人们抑制不住消费的冲动，好似成瘾一般。

在《重新审视凯恩斯》（*Revisiting Keynes*）一书中，洛伦佐·佩奇（Lorenzo Pecchi）和古斯塔沃·皮加（Gustavo Piga）认为，我们对购买新事物的冲动是强烈而短暂的。“一般的消费者在逐渐习惯了他所购买的东西后……会迅速渴望拥有下一个产品。”因此，虽然凯恩斯成功预测到我们工作时间的大幅减少，但非必要消费的异军突起还是让他的结论经不起推敲。

对消费主义的颂扬和美化引发了一个恶性循环。我们的工作时间越来越长，购买那些我们以为会使生活更美好的产品，我们很快就不再喜欢这些产品，产品本身需要花费我们的自由时间去使用和维护，我们变得不高兴，决定购买新产品来缓解悲伤情绪……如此循环往复。

你可能觉得这个问题在高收入阶层会消失，因为富人往往有足够的钱来购买想要的东西，而且不觉得需要赚更多的钱来购买更多的东西。你是否已经听腻了“事实证明，情况恰恰相反”？

回顾我之前分享的经济学家和社会学家加里·S.贝克尔在1965年的一句话：“当人们得到更多的报酬时，他们就会延长工作时间，因为工作比休闲更有利可图。”即使是高收入者也是如此。

令我沮丧的是，我发现自己同样深陷这个陷阱。当我准备休息一周时，一个好到让人无法拒绝的工作机会出现了，他们给的实在太多了。如果有人给我200美元，让我飞到丹佛发表演讲，我会毫不犹豫地拒绝。不过，随着金额的增加，休息时间的价值就黯然失色了，**尽管我不需要额外的钱**。而且我甚至不在高收入阶层，我相信在那里类似的机会将更难拒绝。

既然总是有别的东西要买，对于我们这些中产阶级来说，钱就是永远不够用的，我们的工作时间也就是永远不够多的。最终的结果是，压力充斥于我们的非工作时间。时间就是金钱，如果我们把时间浪费在非生产性、非营利性的事情上，内疚感就会萦绕心头。

通过检查工作量相关的数据，我们可以看到人们对社会地位认知的转变。在20世纪80年代，工人的工作时间比正式职员的工作时间更长，这意味着低收入者工作时间更长。现在，这一点被颠覆了：受过高等教育的正式职员每周工作超过40小时的可能性是工人的两倍。

在 1985 年至 2005 年，没有高中文凭的人每周增加了约八小时的休闲时间。因此一般来说，现在你赚得越少，你的自由时间就越多。同理也可以推测，你工作的时间越多，在人们眼中你就越有可能是重要和富有的。

现在拥有闲暇时间一点也不酷。格雷姆·马克斯顿告诉我："当我还是个孩子时，我父亲是高尔夫俱乐部的一员，而入会必须要等上十年。今天，你随时可以加入俱乐部，因为人们都在工作和购物。出于同样的原因，业余爱好也消失了。人们再没有时间打高尔夫了。"

2015 年一项对高尔夫球手的调查显示，大多数人认为打 18 洞太费时了。45 岁以下的球手说他们更愿意只打 90 分钟左右，现在许多球场也提供 9 洞比赛。这种不耐烦的情绪在各行各业都有表现：人们用二倍速甚至三倍速收听播客节目和有声读物，只为了快点听完。

最大的讽刺莫过如此：我们在私人生活上缩手缩脚只为了在事业上能够大展拳脚，但我们的投资并没有得到所期望的回报。**过度工作**的定义是每周工作超过 50 个小时，而投入这么多时间的人只比那些更合理安排时间的人多赚 6%。因此，如果你的年均工资为 45000 美元，那么你加班加点却只能获得 2700 美元的额外回报。

在内心深处，我们都知道优先事项应该是什么。人们在调查中通常会说他们宁愿休息也不愿去赚更多的钱。欧美的民意调查一再显示，人们对休闲时间的重视程度要高于对物品的重视程度。作为回应，企业已经投入大量资金来改变我们在这个问题上的观点。正如作家 J.R.本杰明（J. R. Benjamin）所说："在美国，市场营销每年有超过 1 万亿美元投入的目的之一是破坏我们热爱自由、解放的天性。"

抵制所有这些洗脑行为有几种行之有效的方法。解决方案之一是培养一个需要投入大量时间的爱好。我又开始做十字绣，尽管我的一个朋友警告说，我的成品可能永远卖不出去，因为人们不愿意为它的时间成本付费。我并不在乎。即便需要花费大量的时间，我也要继续制作美美的刺绣，并坚决拒绝给它标价。我开心就够了。每当我看着那些细致的针脚和明亮的色彩，我都为我的成就感到骄傲，这种感觉是无价的。谁知道呢？也许我也会重新开始制作故事录像带呢。

在辛勤工作和长时间工作的祭坛上，我们已经做出了相当的牺牲。我们用我们的隐私、我们的社区、我们的爱好和我们心灵的平静来换取可以创造更多商业收益的习惯。首要问题是：这样做值得吗？在过去的几十年里，我们的答案是肯定的，但现在可能是改变主意的时候了。

第五章　把工作带回家

对效率最大化的追求现在就像一个由高级牧师（时间管理大师、生活黑客、生产力教练、重心管理专家）、各种教义（应用程序、工具、方式、方法、提醒、工作站的重新设计、各式行为准侧）和数以百万计的有志者（早期尝试者、研讨会参与者、见证者、爱好者）组成的宗教。搜索“如何提高效率”目前能得到40900000条结果。

——安德鲁·塔格特（Andrew Taggart）

你还记得在20世纪90年代，有人提倡给你的孩子留出“优质时间”（quality time，尤指关爱子女，增进感情的黄金时光）吗？那时候我高中刚毕业，还记得这个词语经常出现在杂货店里的女性杂志上，还在脱口秀节目中受到热议。我的一位大学教授把它简称为“QT”，并会说“我今天的课到3点结束，然后和我的孩子们享受几个小时的QT”。

这种时尚潮流只是一时的。1997年，《新闻周刊》（*Newsweek*）发表了一篇封面故事，名为“优质时间的神话”。文章发表一年后我当了妈妈，优质时间俨然已经过时了，而且我从一开始就认为这是一个滑稽的想法。我的儿子出生时，我的未婚夫在波斯尼亚的军队里服役。作为一位单亲妈妈，出于需要，我走到哪就把儿子带到哪，他就是在我的办公室学会走路的。对我来说，优质时间和正常时间是一样的，我也是有机会就和他一起阅读或下棋。

尽管现在人们很少谈论优质时间，但它背后的概念仍具影响。许多家庭都相信，只要精心设计一个小时时间陪伴孩子们，就可以发挥良好的作用，就可以弥补经常加班到很晚的不足。这种想法始于职场的管理者，他们一直都相信可以创造一个有利于提高工作质量的环境。

在优质时间的概念还受家庭追捧的 90 年代初的某个夏天，社会学家阿莉·拉塞尔·霍赫希尔德（Arlie Russell Hochschild）正在观察一家大型美国公司的员工的工作生活和家庭生活。他们中的许多人都跟她提到了优质时间，霍赫希尔德说其目的是把“对效率的崇拜从办公室转移到家里。我们宣称自己有能力只用更加强烈和更加专注的优质一小时替代每天陪孩子玩耍九小时并获得‘同样的结果’……高效的家庭关系需要重新调校。”

我完全能理解当父母反复说“去你的房间玩吧，我需要把这个任务完成”时心中的愧疚感。我能体会那种很晚才回到家迫不及待地想看看孩子，却发现他已经睡了有多么令人崩溃。所以面对这些家庭问题时，我们自然而然会尝试那些在办公室里屡试不爽的解决办法。

事实上，我们带回家的远不止优质时间的概念。大多数人都努力使我们的家庭生活尽可能地高效，这本身也造成了一些问题。

下班后，我们把越来越多的工作带回了家，围绕着电脑和智能手机安排我们的非工作时间，并让我们的生活尽可能地适应我们的工作。也许是为了让我们心里过得去，我们把家里的一些东西也带到了办公室。我们在职场庆祝生日，带着孩子去上班（就像我一样），在办公室的健身房锻炼身体，用办公室的电脑购买节日礼物。

当然，这并不全是坏消息，工作和家庭之间的界限模糊并不一定是一件坏事，这种策略自有好处。也许你在家写报告时有你的爱人陪在身边，也许办公室里五颜六色的绘画和郁郁葱葱的绿色植物可以帮你放松精神并激发创造力，也许你正在和你的伴侣吵架，而办公室就像一个避难所，让你远离家中的敌意。

不过在最后的核算中，这场交易并不公平。我们很了解世界各地的人们如何看待他们的工作，因此我们知道工作和家庭之间的大部分流量都是单向的。换句话说，在办公室和客厅之争中，获胜的大多是办公室。

在过去的几十年里，当涉及生活理念和个人习惯时，我们已将在工作中所学到的东西内化并应用于我们的日常生活和亲密关系。你可以在我们的厨房、客厅甚至卧室里找到办公室的蛛丝马迹。

我当然不希望我们把个人的习惯带到办公室，不希望我的员工把他们的工作空间搞得像他们的厨房一样杂乱无章，更不希望他们跟我打电话八卦他们的表兄弟和闺蜜，这是非常不合适的。但是，按照员工手册去生活也是不合适的。

首席执行官和高管们围绕不断增长的概念构建企业，我们则开始围绕不断增长的概念构建生活。我们现在相信，不断提高、调整和改变是可能的，甚至是值得称赞的。注意，这里说的增长不是长期的，而是每天的。我们为饮食、锻炼和冥想制订了检查清单，我们为写日记或阅读书籍设定了提醒闹钟。

我们对需要长时间培育的成长也不再感兴趣。相反，我们开始寻找捷径，购买那些承诺让我们在五小时内学会西班牙语的书籍。最近我在一家书店闲逛时，看到一整个书架都是关于速学的书籍：《30 秒心理学》《30 秒经济学》《30 秒遗传学》。

我想先表明立场，我认为寻找机会来提高自己是件好事，这是一种美妙的冲动。但是就像技术一样，问题不在于工具本身，而在于过度使用。进步是健康的，但也不是说就应该充分利用每时每刻去成为更好的人。如果你正在寻找学习吉他的最快方法，但你已经要做瑜伽、生酮烹饪和自制木炭面膜，你就没有空间去休息和知足，也没有时间成为你想成为的那种人。

2016 年，仅美国的自助行业的价值就接近 100 亿美元，预计到 2022 年价值将超过 130 亿美元。许多人相信，他们可以破解、修补、提高他们的生活、思想和身体，永无止境地寻求高效率。

当你可以在 Pinterest（照片分享网站）搜索并找到**最好**的蛋糕配方和最可爱的装饰创意时，你还只想单纯做个蛋糕吗？没有人去搜索“好的锻炼计划”，要搜索的是“终极锻炼计划”。我们想要达成目标最快速、最有效的方法，最好还有尽可能多的五星好评的品质保证。

“我看到的是，我们已经接受了资产阶级的勤奋和高效的美德，”顾问和培训师安德鲁·塔格特（Andrew Taggart）写道，“并执意以此无情地要求我们自己。”**无情**这个词用在这里非常契合，我看到人们在追求不断提高和尽可能高效的生活中耗尽了自己，而且不是基于自身的实际需求，只是因为他们读到了成功人士的每日清单。

时间表、应用程序、饮食计划、昂贵的设备……我们认为这些可以为我们节省一点时间并使我们变得更好。我的一个朋友拥有四本日志：一本记录跑步，一本记录饮食，一本记录日常工作，还有一本记录感恩。单独来看，写这些日志的初衷是好的，但总体来看，就过犹不及了。

很多时候，所有这些小调整和小技巧并没有多高效。举一个做笔记的例子：如果你最近参加了一个大学课程，你很可能看到一个老师面对着一屋子笔记本电脑的场景。很多学生用电脑做笔记，上班族也会如此。我们把笔记本电脑带进会议室，一边听取电话会议一边打字。

如果你的目标是速记，那么使用笔记本电脑打字肯定更有效率。许多学生打字的速度非常快，几乎可以记录下教授说的每一个字。但多年的经验告诉我们，使用电子产品来做笔记并不是你理解内容或储存信息的最佳方式。

先不管使用笔记本电脑或平板电脑时可能会分心，总想着快速查看邮箱或浏览网页普林斯顿大学和加州大学洛杉矶分校的一项研究发现，即使只用电脑做笔记，在理解内容或储存信息方面仍是手写更胜一筹。该研究报告的标题是“笔比键盘更强大”。使用笔记本电脑的学生在被问及概念性问题时表现不佳，尽管他们记录了更多的内容。如果学生用手写，他们会处理听到的信息并用自己的语言记录下来。那些使用笔记本电脑的人能够逐字逐句地抄写讲座内容，但他们其实并没有学到多少内容。

密歇根大学的苏珊·戴纳斯基（Susan Dynarski）教授 2017 年在《纽约时报》上写了一篇专栏文章，解释她为什么禁止所有电子产品进入她的课堂。她承认这一措施可能有些极端，但她说：“研究结果是明确清楚的，笔记本电脑会分散学习的注意力，无论是使用者还是他们周围的人。不难猜测电子产品也会破坏高中课堂的学习，或者影响各种职场会议的效率。”

从本质上讲，这就是将效率作为目标本身的危害。我们可能过于专注于做事的速度，而忽略了做事的结果。如果你把教授说的每一个字都记下来，但对讲座的内容一知半解，你就很难通过这门课。那么，真正的目标是什么？是快速和高效，还是全面和深刻地理解？

我现在总是用手写的方式做笔记，但我喜欢树木，所以我不使用纸张。我使用平板电脑，它可以把我手写的笔记文字转换为 Word 文档。我从来没有完整地抄写过我所听到的内容，我只是记录要点，但决定哪些该记录哪些不用记录的过程有助于我记住这些材料。

我要不断地判断什么是重要的，什么是对方真正想说的。因此，从长远来看，我的笔记比完整记录更加个人化也更有针对性。字数不多，看上去不怎么高效，其实更加实用。

安德鲁·塔格特说："我们抱有一种幻想，认为一个人如果高效就不会有烦恼，就会幸福，但实际上，个人的高效只是为了延续工作社会……真相就是我们只是它的工具。"换句话说，我们使用笔记本电脑，是因为我们认为记录80%的内容本身就比只记录 50%的内容更好。我们努力实现高效率，简直就是南辕北辙，却忘记了我们的最终目标——学习。

我相信，如果可以由我们自己决定，我们绝不会自然而然地寻求长时间工作，甚至在洗衣服、玩游戏和读小说时也要实现高效率。有丰富的历史数据表明，我们渴求休闲和工作的平衡。但是 200 多年的宣传把我们说服了，认为不工作就等于懒惰，休闲在可耻地浪费时间。

你可不要认为我用**宣传**（propaganda）这个词时是在打比方。让我们暂且把时间拨回到 20 世纪 20 年代。在工业化的世界里，关于工作时间的斗争仍在激烈地进行着，但胜利的天平正在向工人们倾斜。19 世纪从早干到晚的日子已经一去不复返，大多数行业的工作时间都在降低。

雇主们似乎已经意识到，他们无法在正面战场上取得胜利，因此为了动员生产线，他们采取了在第一次世界大战期间美国陆军部曾使用的微妙而不易察觉的战术。

一位年轻的奥地利移民在战争期间为公共信息委员会（CPI）工作，从事他所谓的"心理战"。这位康奈尔大学毕业生的任务是鼓动美国和海外民众对战争的支持，而他在这方面也确实得心应手。

爱德华·伯尼斯（Edward Bernays）后来说，他在 CPI 办公室时学到了宝贵的一课，他在战争中采用的策略“同样可以应用于和平时期。换句话说，战争时期可以为国家做的事情，和平时期也可以为国家的组织和人民做。”这个身材矮小、眼睛深陷、额头高耸、留着大气胡子的人，今天大多数人可能并不熟悉，但他却让我们的生活产生了不可逆转的改变。

伯尼斯现在被称为“颠倒黑白之父”（Father of Spin）。他通过将香烟重塑为“自由的火炬”和女权主义力量的象征，让妇女吸烟成为一种时尚。他在 1928 年出版的《宣传》（*Propaganda*）一书具有巨大的影响力，并被许多当权者付诸实施。“那些操纵这个看不见的社会机制的人构成了一个看不见的政府，他们才是我们国家的真正统治者，”伯尼斯写道，“我们日常生活中的几乎每一个行为，无论是在政治领域还是商业领域，无论是我们的社会行为还是道德思想，都被少数人所支配……他们深谙大众的思维过程和社交模式。”

工人们受到了操纵才会为想要休假而感到羞耻。公司名称几乎成为**国家**的同义词。欧洲有家族徽章，美国则有公司标志。在 20 世纪 20 年代，雇主们开始张贴海报，责骂那些在工作中没有全情投入的人。“浪费、粗心、犯错、懒散，在它们阻止我们之前，帮助我们阻止它们。”这是一张海报上的宣传语。

另一张海报上，一名士兵在一面迎风招展的美国国旗前接受表彰，并写着“高效的工人总是受到尊重。他的功绩得到了所有人的认可。从人群中脱颖而出吧！”还有一张海报上有一个巨大的时钟，背景是烟囱组成的天际线，并呼吁“查岗时请答‘到’。你‘休息’了机会就是别人的！休息一天失去很多。”这些都是雇主创造的每日警句，让工人们牢记那些对公司最有利的原则。

雇主们还发现，他们可以让工人们内卷，彼此争夺晋升和加薪的机会，从而鼓励人们比他们的同事工作更长时间，比“竞争对手”付出更多时间。

不知何故，用来描述一个好员工的特征也被用来描述一个好丈夫或姐妹或朋友：可靠、稳定、勤奋、独立。作家玛丽亚·波波娃（Maria Popova）告诉英国广播公司：“最为险恶的是，有一种将高效引入生活领域的趋势，而生活领域从本质上讲不应该是高效的。”

波波娃说，曾经她喜欢带着相机到处走，并把她看到的东西拍下来。现在她一想到要把照片发布在社交媒体上就有压力，相机“本身已经成为负担”。我能理解她的两难处境。我喜欢走路，但如果远足的唯一目的是达成步数目标时，我就害怕出门了。乐事如果变得像工作一样就成了苦差事。

同样，人人都想有所提高。我们的生理构造决定我们很快就会厌倦现状并渴求改进，但我们有些极端和偏激了。更重要的是，我们忽略了这样一个事实：高效是达到目的的**手段**，而不是目的本身。一位时间管理专家告诉朱丽叶·斯格尔：“我们已经成为行走的履历表。你在你的所作所为中创造和定义自己。”

这种以对待工作项目的方式对待生活的冲动使忙碌成为一种地位的象征。2007 年，蒂姆 • 费里斯（Tim Ferriss）写了《每周工作四小时》（*The 4-Hour Workweek*），指导人们如何减少工作时间。我会热情地支持这个想法，但他的目标不是增加你的自由时间，而是加以最优化地利用。

在一篇记录他的日常安排的博客文章中，他说“目标绝不是有闲”。在他的“非工作时间”，费里斯做采访，写文章，进行或徒步或射箭或武术的训练。他所做的一切似乎都是为了帮助他以无情的效率实现不断增长的目标。他发布了一张典型的一日时间表，包括吃饭、健身、写作、洗冷水澡，在晚上 11 点后放松。费里斯说他“最佳的写作”时段是凌晨 1 点到 4 点。

还有很多人像费里斯一样希望能从每时每刻中汲取精华，绝不浪费一时一刻地去取得新成就。我赞同每周工作更短时间，但为了使每分钟都富有成效而让每分钟都受尽折磨则是不可取的。

我已经提到，在 20 世纪末，忙碌度比财富更能彰显社会地位。这一趋势始于 20 世纪 90 年代，并在此后得到加强。社交媒体上表演性的忙碌则助长了这种迷恋。我说“表演性”是因为有时活动的目的似乎只是为了拍照和发布，或者在博客上写下体验。

结果，人们更倾向于参加那些在 Instagram 上会得到良好反响的活动。最近，我在逛一个国家公园的时候，发现了林中的一小片空地，一条缓慢流动的小溪缓缓地穿过其中，两只松鼠在一棵白蜡树周围追逐嬉戏，赝靛在微风中摇曳。这一幕是如此美丽，让人恍惚。

我的第一反应是要拍照，但我并没有拍，因为我希望那一刻比照片墙上的帖子更珍贵。我到公园来是为了享受阳光和观赏风景。我想逃离工作，而不是把我的徒步旅行变成职业品牌推广的延伸。

这段轶事听起来好像我在面对这一切时都轻车熟路，其实并非如此。在我成年后的大部分时间里，我一直认为即使我做不了香蒜酱，至少可以做瑜伽，即使做不了瑜伽，至少可以写一篇短博文。在很多时候，我做决定的依据也是这些选择和其结果是否会影响到我的人生履历表。

对许多人来说，这种最大效率利用每一刻的冲动让人们痴迷于各种生活妙招，并追求用更加复杂、神秘和反直觉的方法，去完成那些我们可能已经知道如何做的事情。我们不仅要用值得拍照的活动来填补非工作时间，还要让这些活动令他人心生赞叹和敬畏。如果我们不能让朋友们给我们的爱好“点赞”，那还有什么意义？

约翰·帕夫卢斯（John Pavlus）在 2012 年写了一篇文章，叫作“康复中的生活黑客的自白”。帕夫卢斯在发现自己花了多少时间阅读微调个人生活和职业生活方面相关的文章时，受到了心灵的震荡。“我花这么多时间也许是为了寻找更好的方法来做事情，但却使我根本无法**做事情**。这就像在跑步机上跑步：你可能会练就一个非常好的身材，但你始终只在原地而已。”

帕夫卢斯反思到，事实上生活妙招可能只是专注于那些不重要的、可衡量的任务，而规避了那些重要的、不易回答的问题——到底该如何利用时间，哪些事情拥有更高的优先级。我认识的一个女人在电脑上工作时，每隔一小时就疯狂地摇晃她的手臂，这样就可以骗过她的 Fitbit 智能手环，好像她走了 250 步。我想她是在“破解”锻炼，但她并没有因此而更健康。

佩戴 Fitbit 智能手环难道只是为了获得步数吗，难道不是为了更健康吗？每当我发现自己在厨房里一边转圈一边盯着手表上的步数时，我就会问自己这个问题。

在很多时候，我们已经忽略了自由时间的目的。我们似乎已经将闲暇与懒惰等同起来，但这两件事是完全不同的。**闲暇**不是**不活跃**的同义词。闲暇提供了玩乐的机会，而现在人们很少沉迷于玩乐。高尔夫球场推出了新玩法使比赛节奏更快，但实际上有许多运动我们已不再有时间体验了。ESPN 在 2014 年发表了一篇文章，标题是“正在消亡的操场篮球”。“球场空了，球网悬在那里。曾经热闹的人群不见了，也没有人打球了。”电影《沙地传奇》（*The Sandlot*）很快就会成为不合时宜的作品，因为打棒球的孩子已经减少了数百万。

体育只是这种现象的一个例子。最近的调查显示，家长教师协会、工会、教会、环保组织和政党的成员数量都在下降。近半数的人表示，他们根本不想加入任何团体；超过半数的人表示，他们即使想加入任何团体也没有时间。

问题是，我们所追求的忙碌大多是以其本身为目标，旨在打造一个公众形象，而不是那些单纯为了让生活更加丰富多彩的爱好。为人父母更是要让子女用一项项成就塞满履历表。社会心理学家哈里·特里安迪斯（Harry Triandis）指出，如果一种文化更注重个人而不是社区，那么人们就会倾向于强调个人成就而不是从属关系。社会学教授菲利普·科恩（Philip Cohen）告诉《经济学人》："父母现在都在和邻居攀比，这感觉就像一场军备竞赛。"

养育子女往往需要较慢的节奏，因为不能总是强迫孩子以我们希望的节奏做事。我记得我在逛商城时催促儿子，告诉他不要总盯着玩具看而是要"加快步伐"。为了表示抗议，他就躺在过道上嗷嗷大哭。

速度和效率在本质上与内省和亲密关系是对立的。了解另一个人的内心和了解一个社区的情感关系所需的社会意识，需要时间和专注去培养，而大多数人都认为自己缺少时间和专注。

然而时间和专注是人际关系中必不可少的因素。科学家们发现，想要理解和同情他人，你必须有能力进行内省。2009 年的一份报告指出，智能手机和笔记本电脑"平行处理多项任务的速度较快，而理解文化类社会知识所需的内省思维需要额外的时间，过程较慢"。我们希望达到目标的办法没有最快只有更快，但那些需要时间和耐心的技能——比如社交技能——正在受到侵蚀。

"时间就是金钱"心态附带产生的另一个效果就是注意力的严重不集中。心理学家说，现代社会经常出现意识分裂或"不在场的在场"的问题，即我们没有完全注意到自己正在做什么或说什么。这个问题的根源也在 19 世纪，人口开始从农村转入城市的时期。

生活在乡村和农场的人一般只与有限的几个人交往。他们只见过一两百人，所以记住人们的生日和个人癖好并不困难。当人们大规模迁移到城市时，交往人数呈爆炸性增长，即所谓的“城市过载”。

社会学家乔治·西梅尔（Georg Simmel）在 1903 年谈到了我们倾向于过滤我们的所见所闻以节约“精神能量”，因而使我们的人际交往显得相当表面化。不仅不可能记住我们在城市街道上遇到的每个人的个人信息，而且尝试这样做也是一种心理上的消耗。

我们那种不堪重负、必须保护自己远离亲密关系的感觉已经被技术进一步扩大了。电脑和智能手机带来过载的信息，随之而来的是持续回应他人的压力，让局面更加混乱了。人们更加坚信，与他人聊天实属一件难事。

我们的注意力现在几乎总是分散着的，因为似乎总有事情可做、在做。爱好成了目标，家庭成了办公室，自由时间也不再自由。这些是过去 200 年来发生的一些变化，而这些变化也不都是负面的和消极的。问题是：界限在哪里？我们是如何帮助自己的，又是如何伤害自己的？

第六章　最忙碌的性别

五点躺下，六点起床，然后又重新开始，因为我是女人！W-O-M-A-N，我要再说一遍。

——《我是女人》（*I'M A WOMAN*）歌词，杰罗姆·利伯（Jerome Lieber）

我最近在马萨诸塞州妇女大会上做了一次演讲，在我之前的演讲者讲到，女性在与男性同事商谈时必须深思熟虑，因为男性不像女性那样善于处理多任务（multitask）。在我的脑海中，**女人也不能处理多任务。所以，那是一种错觉。**

许多人都有这种错觉，但其中也藏有一些事实。我曾经在简历中的“特殊技能”栏里写上了多任务处理。后来我读到了一些实际研究，结果证明人类的大脑并不能真正地同时处理两件事，我才开始对自己的能力产生了怀疑。有些动物的大脑可以进行多任务处理，比如鸽子，但人类的大脑在这一项特殊的技能上是无法与鸽子相提并论的。我们所做的不是同时处理两件事情，而是快速从一项任务切换到另一项任务，这就是我们“处理多任务”的形式。

我之前谈到过多任务处理，试图一边与朋友交谈一边查看电子邮件，这不可避免地会导致注意力不集中并影响亲密关系。其实，我们试图进行多任务处理的主要原因是我们相信这么做更加高效并最终能提高我们的生产力。随着我们越来越痴迷于超高效率，我们也相信自己能够处理多任务，并相信这么做有助于在更短的时间内完成更多工作。

如果神经科学是可信的，那几乎所有情况都是截然相反的。在一项又一项的研究中我们发现，在我们完成某些任务时，从一项活动切换到另一项活动要比简单地重复同一活动更费时。换句话说，如果你关闭浏览器的每一个标签页，让手机静音，关闭电子邮件收件箱，你写完备忘录所用的时间会就会大大减少。

来回切换的效率是低下的，我们切换的任务越复杂，大脑需要调整的时间就越长。切换如此费时费力，美国心理学会因而建议我们“提高（我们的大脑）效率的首要策略是避免多任务处理，尤其是复杂的任务。”

对于像我这样多年来不是同时处理两件事而是三件或四件事的人来说，还有更坏的消息。研究表明，认为自己是“重度多任务处理者”的人在区分有用信息和无关细节方面表现更差。他们的思维也更缺乏条理（那里很混乱），从一个任务切换到另一个任务时会遇到**更多**麻烦，而不是更容易。处理多任务让我们做得更差。

还有最坏的消息：“重度多任务处理者”**即使在没有处理多任务时**整理信息和组织思路也很费劲。这表明，反复迫使你的大脑做一些它本不应该做的事情会对你的灰质造成实质性损害。斯坦福大学的心理学家克利福德·纳斯（Clifford Nass）告诉美国国家公共广播电台（NPR），经常处理多任务的人“更不善于思考，不仅是处理多任务时的思考表现不佳，而且连一般性的深刻思考都很难做好。”纳斯说，随着时间的推移，“他们的逻辑思维过程受到了损害”。

不过，有一点小意外：实际上女性可能比男性更善于处理多任务。这就是科学中的玄妙之处（我喜欢）：女性在这方面并不擅长，她们只是普遍比男性更擅长。在瑞士进行的一项有趣的实验表明，雌性激素可能有助于女性的大脑更好地处理从一项任务到另一项任务的快速切换。

请记住，我们谈论的还不是复杂的活动。研究人员要求被试在跑步机上行走，同时识别一些文字的颜色。60 岁以下的女性比男性和老年女性表现得更好。当要求老年女性和男性集中精力完成指定任务时，他们手臂摆动的协调性——我们很少有意识地去注意的东西——就会下降。其中，右臂的摆动速度显著降低，因为右臂的摆动是前额叶皮层控制的，而大脑的同一侧还控制单词和颜色的排序。研究人员指出，雌激素受体可能也位于大脑的这一部分，因此雌激素的存在与否正好可以解释男性和绝经女性之间的表现差异。

这些研究结果当然不是决定性的，但我们却可以从中得到一些暗示。我们可以把这项研究列入其他关于性别差异的研究中，包括在俄罗斯进行的一项实验。科学家们对 140 人进行了一些相对简单的认知测试，所有这些测试都与切换任务和集中注意力有关。他们发现女性在进行多任务处理时付出的脑力比男性少。该研究的发起者之一斯维特拉娜·库普索娃（Svetlana Kuptsova）说，结果“表明相较男性，女性切换注意力可能更容易，期间女性的大脑不需要调动额外的资源，男性的大脑则非如此。”

因此，当涉及简单的任务时（注意：写邮件或打电话或查看社交媒体都不是简单的任务），女性可能比男性更善于来回切换。同样，神经科学家对同时做两件不复杂的事情并没有很苛刻，比如一边打电话一边叠衣服。但是（注意这是一个被强调的但是）当涉及更复杂的任务时，包括我们一边工作一边做的大多数事情，没有证据表明女性更擅长多任务处理，但是有很多证据表明这样做对大脑是非常不利的。

多任务处理的问题在于，依据我的经验，女性更有可能因为性别原因认为自己擅长多任务处理，也更有可能尝试在同一时间做多项事情。因此，让我在这个讨论中再加一个数据点：相信多任务处理不仅是可能的而且有利于提高效率的信念，让女性承受了更多的伤害。

社会学家芭芭拉·施耐德（Barbara Schneider）和她的同事想探寻多任务处理是否给大多数人带来精神压力。她发现，男性倾向于认为多任务处理是快乐的，但他们却不太想那么做。女性报告说，每周有近 50 个小时在多任务处理，这让她们倍感压力。试图同时做多件事情然后感到压力最大的群体是母亲。

男人会说下班回家时让他们感到轻松惬意，但女人却恰恰相反。一些妇女甚至把刚下班的那几个小时称为“砒霜时间”（arsenic time）。“因为她们不得不马上开始做饭、与孩子们互动、处理各种家务。”施耐德告诉美国国家公共广播电台。研究清楚地表明，女性走进自家大门后压力就会上升，因为她们知道自己不仅必须继续回复工作邮件，而且还必须在这个本应是避风港的地方履行个人职责。她们在能真正放松之前还需要在心里过一遍那些已完成和未完成的任务清单。

即使在工作中，女性也倾向于给自己施加更多压力。美国媒体服务供应商 Captivate Network 收集的数据显示，男性在工作时“单纯为了放松”而休息的可能性比女性高 35%。男性也更有可能在工作时间出去吃午饭、散步或处理私人事务。“卡桑德拉报告”的主任梅兰妮·施雷弗勒（Melanie Shreffler）告诉《福布斯》（*Forbes*）杂志，“这些女性在学校、在大学、在工作时都像发疯似的努力，最后都筋疲力尽。”

因此，如果真的存在性别差异，可能也不是生理上的，而更多是心理上的：女性不愿意放松，加上来自社会的压力，只能在家庭和职场承担更多的工作。

尽管妇女已经工作了几千年，但她们第一次开始涌入职场是在 20 世纪 70 年代。那个时代发生了一场所谓的“宁静革命”（Quiet Revolution），一场在近半个世纪后仍在持续的革命。在 70 年代，女性不仅在大学班级中占了更大的比例（现在女性在大学毕业生中的人数也超过了男性），而且还开始在曾经几乎全是男性的领域中工作，如法律、医学和工程。

女性从事的工作需要长时间离开家庭。她们开始拒绝因为有孩子出生就辞职，拒绝在孩子生病时提前下班。也许并非巧合，工业化国家的许多人开始警惕“挂钥匙一代”（the Latchkey Generation）可能带来的危险。这就是他们对 X 世代孩子的称呼，即那些出生于 1961 年至 1981 年之间的孩子，我就是其中之一。

截至 1994 年，11 岁以下孩子的母亲们半数以上都在工作，许多人认为这是一件危险的事情。在 1991 年写了《当树枝断裂时：忽视儿童的代价》（*When the Bough Breaks: The Cost of Neglecting Our Children*）一书的经济学家西尔维娅·休伊特（Sylvia Hewitt）说：“忽视儿童已经成为我们社会的痼疾。”

“挂钥匙儿童危机”在美国成了全国性的丑闻。政界和媒体发声谴责从事全职工作的女性，声称她们的自私行为正在危及整整一代人的福祉。结果，许多员工减少了工作时间或彻底离职了，他们中大多数是母亲。

20 世纪 90 年代，社会学家阿莉·拉塞尔·霍赫希尔德（Arlie Russell Hochschild）正在研究一家财富 500 强公司，该公司以其积极先进的工作政策为傲，致力于帮助员工们构建健康的工作—生活关系，让员工们拥有大量时间与他们的家庭相处。在《时间的束缚》（*The Time Bind*）一书的第一章，根据她在该公司的观察，她描述了在公关办公室工作的格温·贝尔（Gwen Bell）的家庭生活。不同于行政办公室的男性们自豪地吹嘘自己是“60 小时男人”（以他们每周工作的小时数命名），“格温的故事更像是情景喜剧：忘了购物，回到家后发现冰箱里只有枯萎的生菜和一罐橄榄，故事大多绝望到令人发笑。”

像她的许多同事一样，格温当然知道可以参加弹性工作制，或要求减少工作时间。但有一个不言而喻的假设，即工作时间少的人对公司没有尽心尽力，也对晋升不感兴趣。几乎每一个霍赫希尔德研究的案例中，家庭生活都会让位于工作。这位社会学家总结道："我们越是依附于工作世界，其最后期限、周期、停顿和中断对我们生活的影响就越大，家庭时间就越是被迫适应工作的压力。"

公平地说，在那家公司的员工中，很少有人最终会利用那些能够加强工作与生活间平衡的福利措施，这也是霍赫希尔德研究中的一大惊喜。例如，只有一名男子选择使用他的陪产假，只有不到3%的有年幼孩子的员工选择从事非全日制工作。

在大多数国家的大多数情况下，当有孩子相关问题出现时，都是母亲而非父亲去调整工作时间表以适应孩子的需要。这种现象已经有所改观，但处理育儿危机的任务仍然重重地落在母亲肩上。

研究表明，父亲照看孩子时往往是做一些更愉快的活动，如带孩子去参加足球比赛，而母亲往往做得更多的是清洁、烹饪和后勤管理。此外，父亲的家务清单通常包括那种偶尔需要做的事情，如给汽车加油或修剪草坪，而母亲的家务清单通常包括那种几乎每天都要完成的事情。

在一个理智的世界里，如果父母（尤其是母亲）不得不每周工作 40 小时或更多的时间而不能一直在家时，对父母的期望应当降低。然而，优秀父母的标准（至少在劳动阶级）却提高了。

在一篇名为“为什么每个人都这么忙？”的专栏文章中，《经济学人》杂志的作者们指出：“女性就业率上升的时间似乎恰好与成为优秀父母——特别是优秀母亲——的标准急剧提高的时间相吻合。”

仅靠盒子里现成的通心粉和奶酪已经不够用了。现在你必须从 Pinterest 网站下载食谱，使用有机食材，还得保证孩子的大脑健康。咖啡豆要自己磨，使用的塑料要不含 BPA（双酚基丙烷），上网要监督，还要和孩子们一起制作可爱的视频并在社交媒体上分享。

要做的事情简直太多了。许多妈妈并没有减少工作，而是相信她们可以像解决办公室问题那样解决家庭问题。她们被职场的效率和生产力打动，开始将这些价值观带入家庭生活。更多的时间就意味着更高的质量，对吧？那就投入更多的时间与孩子在一起，就会让孩子更快乐、更聪明、更成功。再也没有“挂钥匙儿童”了。从 1986 年到 2006 年，在监视下成长的孩子数量增加了一倍。

女性参加工作的人数创造纪录的同时，所谓的直升机式教育（helicopter parenting）[㊀]开始在整个美国流行。**直升机式**这个词最早在 1969 年哈伊姆·吉诺特博士（Dr. Haim Ginott）写的《父母与青少年》（*Between Parent and Teenager*）一书中出现。这在 20 世纪 60 年代已经是个问题，并在最近几年进一步恶化：父母们

㊀ 指父母如直升机般盘旋在孩子上空监控的一种教育方式。——编者注

努力想证明工作没有妨碍他们成为优秀父母。在这一时间点，30%的招聘人员说他们收到过父母为他们的孩子提交的简历，而10%的招聘人员遇到过父母代表他们已成年的孩子来商谈工资或福利。

表面上看，直升机式教育似乎是效率的反义词，它要求父母投入更多的时间和精力。为什么一个沉迷于效率的人会花费**更多的**时间去做一件事呢？

然而，过度教育的底线是你培养出一个健康和成功的孩子。各种清单和目录定义了一个良好的童年都有哪些“需要”。就生产力而言，孩子就是产品，而父母有时会狂热地让其成为市场上最好的产品。

对效率的崇拜基于这样的信念：遵循严格的活动安排会改善你的生活。在为人父母方面，这种严格的活动安排往往包括辩论队、体操训练、钢琴课、制作有机苹果酱和穿着顶级的跑步鞋。此外，你还得为孩子做斗争，清除那些可能耽误或拖累他们的各种障碍。

西弗吉尼亚州的一对父母向他们女儿的学校提起诉讼，因为她迟交了生物课堂作业并因此得到了 F 的成绩。越来越多的大学教授说有父母联系他们就孩子的成绩展开争论。一些家长会给他们上大学的孩子打电话，叫他们及时起床去上课。

一位三年级老师讲述了她与一个学生的母亲之间发生的故事：“（她）在我独自一人时来到我的办公室并试图用武力威胁我，让我更改她孩子的成绩。后来我给她看了她女儿的成绩单，并说我一直想和她谈谈她女儿成绩没有达到年级标准。但她从我这抢走了成绩单，塞进（她的）包里，并冲向校长办公室想要证明我错了。我一路紧随。幸运的是，校长还是支持我的，但在这之后我和这位家长的关系就越来越糟糕，我也很难再教这个小女孩。她很可爱，但阅读能力却没法提高。”

替你的孩子编写读书报告、为你孩子的成绩争论、给你孩子的老师打电话都需要大量的精力和时间，但我认为这么做却没有达到父母希望达到的效果。过度教育可能给人一种充分利用时间的感觉，但其实并不能确保你的孩子取得成功。大多数时候，都是事与愿违。

目前，绝大多数的大学生都说他们感到重负在身。有直升机式父母的孩子更有可能患上抑郁症，高度结构化的童年和缺乏执行能力之间有很深的关联。直升机式父母的孩子往往很难发展出自立性和抗压性，因为他们经常被保护起来，很少接受逆境的考验。

在我看来，过度教育是一个典型的以错误观念为指导的策略。这种情况常发生于父母下决心以他们认为最高效的方式为孩子的未来铺路时：在“美好童年”的清单上逐项勾选。不幸的是，这么做不仅仅是浪费时间和精力，到最后还会发现得到的正是你想要的对立面。你培养出来的并不是一个成功的成年人，你的孩子更有可能是一个没有准备好应对成年后压力和责任的人。

这场讨论经常具有性别色彩，因为在几乎所有的工业化国家，妇女都承担了过多的育儿责任。几乎所有关于工作时间和生产力的讨论都无法回避性别的影响。

许多人认为，女性和男性之间的工资差距可以用男性工作时间更长来解释。的确，至少在美国，男性每周比女性多工作约40 分钟。根据美国劳工部的数据，如果你只统计全职工作，男性每天工作约 8.2 小时，而女性为 7.8 小时。但请记住，男性更有可能在工作时间内选择休息和出去吃午饭。

如果只比较工作习惯，我们可能会认为男性比女性更执着于效率和生产力，并据此得出结论，不断进步给男性带来的压力比女性大。一旦全面整体考虑，就能得知这是不准确的：女性每天至少多花半小时做家务，无论她们是否有孩子。

如果你把花在家务上的额外时间加进去，两性之间的时间差异就消失了。事实上，根据美国劳工统计局的数据，有工作的母亲每天多花 80 分钟来照顾孩子和家庭，而父亲通常比母亲多花50 分钟看电视或从事其他娱乐性活动。

还是有些鼓舞人心的改善的。目前的研究表明，男性在家里分担的家务是过去的两倍，虽然女性仍然承担着大部分的家务和育儿职责。换句话说，平均来讲，虽然男性做得更多了，但仍然没有他们的另一半做得多。

为了履行好工作和家庭中所有职责，女性会特别愿意使用她们认为在工作中有所帮助的高效技巧，比如多任务处理、严格的日程安排、检查清单、开会以及严格控制她们在非工作时间参加社会活动的数量。

有趣的是，我在这里讨论的许多变化都可以在印度找到实例。印度的 IT 产业创造了大量就业岗位，加之人们对 IT 中心每周 7 天、每天 24 小时开放和响应的新期望，给所有员工带来了难以置信的压力。单亲家庭的数量在增加，核心家庭[㊀]的数量在骤减，工作与生活的平衡已经成为令人关注的领域。

印度安娜大学的两位研究人员在 2010 年的一项研究中发现，两性在处理日益增加的工作压力方面存在巨大差异。公司制定的各项平衡工作与生活的政策显然让男性更为受益，压力更小。正如报告所说："只要能在工作上取得更多成就，男性就会感到更满意，即使是以忽视家庭为代价。"

那些施加于身的额外压力并非女性的臆想；即便她们认为承担更多的责任照顾孩子和家庭是情理之中的，也无法确切地说出其中有多少是与生俱来的，有多少是几个世纪以来的性别化期望的结果。不过就结果而言，女性在沉重的期望中挣扎，无法休息或培养可能缓解这种压力的爱好。

《纽约时报》有一篇关于"母性惩罚"（motherhood penalty）的报道以如下警句开篇："一个女人可能做出的最糟糕的职业行动之一就是生孩子。"在研究人员排除了教育、经验和工作时间的影响后，平均而言，在生完孩子后女性收入会降低 4%，而男性通常会增长 6%。

妈妈们也更难被雇用并常被视为能力不足，而对于爸爸们的偏见则正相反。一位社会学家在康奈尔大学做了一个实验，研究人员向现实的雇主发送了数百份虚假的简历，所有简历的内容大

㊀ 指由丈夫 / 父亲、妻子 / 母亲、至少一个孩子构成的家庭。——译者注

都是相同的，只是有些简历上写着申请人加入了家长和教师协会，暗示了其家长的身份。

爸爸们比没有孩子的男性更有可能得到回电，而妈妈们得到电话的机会则下降了 50%。另一项相关研究显示，与其他申请人相比，妈妈们得到的薪水最少，比没有孩子的女性少 11000 美元，比爸爸们少 13000 美元。

因此，女性在工作和家庭中都想出了应对策略，且拼命想满足那些过高的期许也就不足为奇了。平均而言，职业女性工作（而且是不怎么愉快的工作）更多，但报酬和赞誉却更少。此外，如果她们坦言感到不堪重负，就会有人让她们“向前一步”。

为了避免好像我在对一般女性侃侃而谈但对我自己避而不谈，让我向你保证，我和其他家长一样有过度安排的倾向。在我儿子成长的大部分时间里，他只有我一位单身母亲，无论我的收入或家庭状况如何，我定是要千方百计让他度过一个美好的童年。

我下班后会匆匆赶回家，路上会因为我要报道一个新闻发布会不得不加班到很晚而感到内疚，到课后托管中心接上他，然后赶去图书馆听故事或去交响乐厅观看儿童音乐会。我制作了一张图表，记录他所有的行为，如果他一整天都很有礼貌或在晚餐前完成作业，我就奖励他一颗星。

我在家里也有很多工作要做，要编写脚本、编辑采访录音，但都要等到我儿子睡觉以后。我的平均睡眠时间是五小时。

某一个周末，我把自行车装进车里，带好午餐准备出发去野餐，我问儿子在游完公园后还想做什么。“我们能不能不去？”他问道。

说实话，我震惊了。参观博物馆和科技馆都是为了他好，而不是我想去。即使我筋疲力尽，还是会强颜欢笑，迈着疲惫的步伐带他去动物园，激发他的兴趣，而不是坐在家里无所事事。

而当儿子抗拒时，我顿悟了。为了不让儿子步我后尘，我却正逼迫他走上我的老路。

“我只是想什么都不做，”他说，“我只想坐下来和我的机器人一起玩。”

我儿子也许不记得那次交流了，但是我却印象深刻。这对我来说是敲响了一次警钟，一次无疑的征兆，表明我更关注的是清单而不是儿子的情绪。那个周末我们就待在家里，看电影、吃爆米花、下棋。

我倾向于相信，在一般情况下，女性比男性更加痴迷于生产力和效率。人们**期待**女性进行多任务处理，这种习惯会带来很大压力，最终还会损害一个人的认知能力。在家里，女性往往是管理者，要悉知卫生纸和洗衣粉的使用量，安排医生的预约和理发，以及清空洗碗机和折叠衣服，这些是经常被忽视的劳动。人们还期待女性成为办公室的养育者，无论她们是否有孩子。例如，女性理所应当地要记住人们的生日、组织聚会或为休息室买咖啡。

不幸的是，我们为了征服冗长的职责清单而采取的诸多策略都只能起到反作用。我们出于自我护理的目的而限制参与社交活动的数量，却在家里花三个小时回复电子邮件和浏览社交媒体评论，身心也没得到放松。事实上，这些活动还增添了不少压力。去咖啡馆和朋友们聊上几个小时，会让你感到神清气爽；而网上冲浪则会让你感到精疲力竭。

越是疲惫，我们越是求助于那些让我们精疲力竭的陋习：写邮件而不是打电话，起得更早是为了在工作前把事情做好，购买新的生产力日志，收听承诺“破解焦虑”的播客。

我要在此申明，我并不是把矛头指向女性，说“你们做的一切都是错误的”。当前最不需要的就是相互羞辱和指责，因为我们已经被羞辱和指责得够多了。当我谈论那些过度安排时间和执着地追求终极效率和生产力的女性时，我谈论的就是我自己，而且我已经累够了。我不需要任何人告诉我该做什么、该做多少。

这并不是说我们的习惯、策略以及“向前一步”是错误的，而是我们往往忽视了原本要实现的目标，只是专注于完成我们的待办事项清单。我们引以为傲的不是那个要实现的最终目标，而是我们对自己有多苛刻，以及我们在一天内能完成多少任务。我问一个朋友她的周末过得怎么样，她回答说非常好，然后紧接着列出了一长串她所做的事情。“我的清单上只剩下一件事了，”她高兴地说，“我今晚就能完成。清单上待办事项几乎清零。”

我们所有的人，无论男女，都承受了一种异乎寻常的压力，要不断地努力工作，做得更好。我们都身陷一个不断要求提高效率的系统之中。这对任何人来说都不容易；没有人拥有豁免权。所有的员工都会在周末或生病在家或休假时查看电子邮件。

然而，我认为，这个系统对女性的要求甚至比对男性的要求更高。男性通常将家庭视为放松身心的地方，并盼望着工作日的结束。但对许多女性来说，职场反而没有家庭那么复杂和繁乱。2012 年的一项研究发现，职场妈妈比全职妈妈的压力更小，而且在身体和精神上都比那些非全日制工作或根本不工作的妈妈更健康。家庭并不是女性的避难所。

因此，我对女性的建议是：对自己好一点。延长工作时间并不能让你的工资暴增，却会对你的健康造成不良影响。你也许意识不到在非工作时间回复电子邮件会给你的生活带来怎样破坏性的影响，你可能也没想到一个胡乱布满糖霜的小蛋糕尝起来并没比按照 YouTube 视频网站上的烘焙教程所精心制作的蛋糕差到哪去。

当前薪资和晋升方面存在差异并不是因为女性工作不够多，而是数百年来歧视和偏见的结果。重父而轻母。这种观念不是你每周工作 50 小时或记录生产力日志就能改变的；真正的改变需要新的政策和新的程序。

男性和女性都需要走下那个让我们走投无路的跑步机，但女性的紧迫性甚至更加强烈。女士们，后退一步（lean out）海阔天空。

第七章　为工作而生

约翰·肯尼迪竞选总统时，有一天来到西弗吉尼亚州的一个煤矿，在矿外与刚从矿里走出来的灰头土脸的矿工们握手。

一位矿工停下脚步并对肯尼迪说："我想你这辈子从来没有哪一天是非工作不可的。"肯尼迪承认确实如此。

"你倒也没错过什么。"矿工面无表情地答道。

——杰克·格雷厄姆（Jack Graham）

《神父：生活中的基本优先事项》（*A Man of God: Essential Priorities for Every Man's Life*），2007 年

一天晚上，在吃韩国烤肉时，我向一位朋友解释说，我正在写一本鼓励人们接受闲散（idleness）的书。"我的天，我最讨厌懒惰的人了。"她回答道。

不，不，我很快回应说，闲散和懒惰不是一回事。我继续解释说，我们只是太依赖工作了，太沉迷于工作了，我们需要用一点闲散的活动来平衡我们的生活，比如在门廊闲坐或与邻居聊天。

"我讨厌这样，"她说，还厌恶地撇了撇嘴，"我喜欢工作。我不能忍受只是闲坐着。工作使我快乐。"

顺便一提，这位女性朋友是我认识的最接地气、最开朗、最

有才华的人之一。她也不是一个异类。在过去的几年里，我与朋友或陌生人多次进行了这样的对话，我得到的回应经常是某种版本的“但我喜欢工作”。

我认为问题不是人们是否享受他们的工作，而是是否**需要**工作。这个问题驱使我去调查研究，这个问题我也向全国各地的数百人询问过，这个问题更是本书的核心所在：工作是否必要？

很多人都会不同意我接下来的表达，甚至会因此而感到愤怒和愤慨：人类不需要通过工作来获得幸福。在我们历史时间轴的此时此刻，这种说法几乎是颠覆性的。工作是让生活有意义的核心，这一假设是我们道德的基础，而质疑它似乎是在质疑人们那些最基本的需求，比如呼吸、吃饭或睡觉。

但是在研究了什么是对人类有益的、什么是对人类必要的之后，我注意到工作留下了一个大缺口。这促使我提出一些尖锐的问题，比如为什么大多数人认为，人之所以为人是因为我们在工作？

请注意，我所说的“工作”并不是指我们为生存而从事的活动：寻找食物、水或住所。我指的是我们在确保生存之后所进行的劳动，或者为社会做出有价值的贡献，或者为换取报酬而做一些事情。

世世代代都有人教导我们生活的目的就是工作。宗教领袖经常告诉信徒们，此生勤勤恳恳来世才能逍遥自在，所以休闲乃是死后之事。事实上，西方世界的职业道德经常与宗教信仰联系在一起，特别是在美国。

奋斗者的窘境

1901 年，马萨诸塞州的圣公会主教告诉教区居民："追求和获得财富说明一个人天性自然、精力旺盛。"（顺便一提，他是J.P.摩根的好朋友。在主教讲这些话的时候，摩根正在帮助他为教会筹集 500 万美元的资金。）

几个世纪以来，新教信仰一直在积极地宣扬工作的美德并强烈地批判闲散的可耻。这种信仰已经深深扎根于我们的心里，有研究表明，失业造成的情绪创伤在新教徒中要严重 40%。

经济学教授达维德·坎通尼（Davide Cantoni）研究了这一现象，并得出结论：新教不会让你更富有，而金钱似乎也不是重点。"工作成了目标本身。"

这种观点也被其他研究人员所证实。宾夕法尼亚大学教授亚历山德拉 • 米歇尔（Alexandra Michel）说，人们长年累月的工作不是为了"获得奖励、接受惩罚或履行义务"，而是因为"如果生活中没有了工作的驱动，许多人感觉丧失了存在感——即使这种驱动既没有产生相应的收益，也没有让生理或心理上更健康。"

这可能是生物学上的一个有力论证，即我们努力工作的驱动力是与生俱来的，并凌驾于其他与物质回报无关的考量。这种倾向在工业化世界中是会遗传的。在《华盛顿邮报》（*Washington Post*）的一篇文章中，史密斯学院的瑞秋 • 西蒙斯（Rachel Simmons）讲述了一个大学二年级学生曾经告诉她的观点："我不该拥有休息时间。如果我什么都不做，我就觉得我做错了什么。"所有这些证据可以让我们相信，工作不是一种选择，而是一种需要。

有些人甚至提出了一个令人信服的论点：人类无法忍受闲散。克里斯托弗·赫西（Christopher Hsee）和他的同事进行了一系列的研究，他们让人们在做些什么和什么也不做之间进行选择，结果发现人们在做事时感觉更好。报告甚至说“闲散是一种恶毒的特性”。

那么，让我们想一想，工作对人类的幸福来说是必要的吗？我们努力工作是因为不努力就是不健康的吗？

毫无疑问，许多文化都蔑视那些在邻居辛勤劳作时无所事事的人。《伊索寓言》关于蚱蜢和蚂蚁的警示故事是为了告诫我们，过分享受的下场就是死路一条。在大多数人眼里，懒惰是一种不招人喜欢的品质，我们对闲散者有很多贬义的说法：懒汉、流浪汉、懒鬼、迟钝者、游手好闲、一无是处。

有一些非常聪明的思想家认为，工作让我们的生命有了意义，因为没有工作，我们就什么也不是，也无法在历史上留下痕迹。没有工作，我们可能会死，而且就像我们从来没有活过一样。进化是由想留下持久遗产的愿望所推动的，所以这类论点似乎相当有说服力。埃隆·马斯克（Elon Musk）曾经想知道，人生如果没有工作还能有什么意义。“很多人从他们的工作中找到了人生的意义。如果你不被需要，你的人生有什么意义？你会感到徒劳无能吗？”

看来他的问题的答案可能是肯定的。在美国，超过退休年龄却仍在工作的人数近年来增加了近 35%。1/10 的婴儿潮一代说他们打算永远不退休。

很明显，这种趋势有其现实背景。在大多数国家，平均预期寿命已经有所增加，老年人需要更多的资金来支撑自己度过几十年的退休生活。此外，21 世纪初的全球经济衰退侵蚀了数百万老年人的储蓄，迫使许多人重回工作岗位。

但是，在这么多人决定继续工作的背后，还有更深层次的、不那么明显的原因。正如安·布雷诺夫（Ann Brenoff）在《赫芬顿邮报》（*HuffPost*）上写道：“我不知道该**如何**退休。我从未想过退休是需要学习或指导的事情……如果每天早上的闹钟不再响起，（我）该怎么办？”

这就是二战后的一代人现在所面临的生存危机。工作是他们一生的关注点，他们的家庭和身份都与工作密切相关。那么，决定你身份的特征消失时，会发生什么？婴儿潮一代以他们的职业道德而闻名，几十年来，他们被一种不断进取的驱动力所激励，而当这种驱动力突然归零时，又会发生什么？

这当然会使人难以回答在美国最常遇到的问题之一：“你是做什么的？”这个问题在许多国家被认为是无礼的，但却是美国人首先想知道的事情之一，这主要是因为知道某人的职业就好把他们归类和分等了。

职业和身份之间的联系可以追溯到工业时代的开端，这一点应该是意料之中的。在那之前，人们更倾向于询问某人的家庭而不是他们的工作。

如果半个多世纪以来，一直有人告诉你，努力工作是爱国的，是可敬之人和可鄙之人的分水岭，而且劳动是一个人进入天堂前必须支付的一部分费用，那么当这种劳动终止而你的生活却还在继续时，可能会发生什么？

老年人当然能够感受到职场的暗流涌动，当然会对失业感到不安。许多人渴望工作，没有工作就感到不安，即使是在短暂的休假中。所有这些都可以用来证明工作是人类固有的需求。

努力工作还有另一重合理性：进步所需。当然，如果没有马尔科姆·格拉德威尔（Malcolm Gladwell）提倡的 1 万小时投入，我们就不会有科学或艺术方面的伟大成就。想象一下建造马丘比丘（Machu Picchu）或中国长城要付出的劳动，玛丽·居里在她的实验室里付出的时间，或者贝多芬在他的钢琴前几十年如一日的辛劳。

在这种观点中，努力工作是可取的，因为这是改善你和你周围人的生活的唯一途径。哈佛大学经济学家理查德·弗里曼（Richard Freeman）说："努力工作是唯一的出路。有这么多东西需要学习、生产和改进，我们不应该妄想还生活在伊甸园里浪费哪怕一丁点的时间。子孙们，继续赶路吧。"

有重要的工作要做有助于振奋情绪，情况就是这样。事实上，对 485 项独立研究的调查表明，喜欢自己工作的人身体和精神更健康。此外，与那些失业或不喜欢自己工作的人相比，喜欢自己工作的人患焦虑症和抑郁症的可能性更小。由英国委托进行的研究也表明，失业带来的损害更甚于工作中受到的精神压力。在另一项研究中，社会学家萨拉·达马斯克（Sarah Damaske）希望探寻有工作的人在工作时的精神压力是否比在家的时候小。结果发现，人们在办公室里往往更放松。达马斯克在接受采访时解释说，即使是工作中最紧急的问题也不如家庭危机那样令人紧张。例如，错过最后期限的后果，通常无法和失去亲人相提并论。

更重要的是，达马斯克说，在我们的工作生活中，我们总是有一个逃避的选项，而在家庭生活中可能就没有。“你知道你还是可以辞职的，你可以有其他追求，你可以离开——把你的老板和糟糕的一天抛在脑后。”达马斯克说。大多数人不会因为家庭变得令人讨厌就抛弃家庭，也不会因为原来的家庭会产生焦虑就去组建一个新的家庭。工作无法束缚你，但是家庭可以。

这些都很有说服力，但最终还是无法让人信服。有人在为工作是人类幸福的必要条件这一观点辩护时指出，有研究表明使命感能够延长寿命。但是我觉得这个论点并不切题，因为一个人的使命感不一定要跟其工作绑定在一起。

比如全职父母就可以有很强烈的使命感。梵高基本上始终处于失业状态。他在世时只卖出了一幅画，但经济上的不成功从未削弱他的使命感以及他对艺术的追求。

我们也知道，一个人每多工作一年，他们患上痴呆症的概率就会下降 3%。

失业也会对一个人的心智造成严重的伤害，对金钱的担忧只是一方面（尽管这是大多数人的主要担忧）。除了丧失收入外，失业也是一种精神打击。工业化世界中许多人的自尊源自他们的工作，工作能够彰显社会地位。不受欢迎和差劲无能的感觉可能是毁灭性的。

但这一切是否意味着工作是人类的一项基本需求？我们是否需要生产性工作才能保持健康和存活？如果给我们提供了食物、水、住所和衣服，我们还需要工作才能茁壮成长吗？

我的答案是否定的。我认为，一份有意义的工作所暗含的益处可能源于我们的**文化**而非**自然**赋予工作的价值和重视。我认为失业能带来压力的原因在于我们大多数人都是靠工资过活的，在于我们失去工作职务的同时也会失去在家庭和朋友中的地位。

我相信工作本质上是一种工具，可以用来满足其他需求，但工作本身并不是一种需求。请看这张由神经科学家妮可·格拉瓦尼亚（Nicole Gravagna）提出的人类需求的最新清单：

1．食物

2．水

3．住所

4．睡眠

5．人际关系

6．新鲜感

虽然大多数人需要工作一定的时间来获得前三项，但获得这六项并非绝对需要劳动。

有很多人摆脱了工作的需求，但他们跟我们其他人一样健康。没有工作的男人也不是更容易酗酒或者离婚。与有全职工作的同龄人相比，他们的死亡风险也没有更高。毕竟，梭罗（Thoreau）死于肺结核，而不是死于在安静的池边小屋里住了几年。

对于我来说，问题不在于工作是否有必要或者合理。对于绝大多数人来说，这个问题是没有意义的，因为他们需要某种有报酬的雇佣关系才能生存下去。真正的问题是我们是否可以在没有工作的情况下生存，答案是我们绝对非常可以。如果我们明天继承了 2500 万美元然后余生只是看电影和种花草，大多数人还是会安好的。

既然绝大多数人为了生存还是不得不工作一些时间，那么更恰当的问题就是：我们必须像现在这样长时间地努力工作吗？历史记录显示，在工业革命之前，我们的工作时间根据手头任务的难度或延长或缩短，而不是根据像时钟这样不公平的衡量标准。历史学家已经指出，在制造业时代之前，我们的生活是在紧张的劳动期和坦荡的休息期之间交替进行，就像丰收和丰收后的庆祝活动。

这种模式在很大程度上还在持续，甚至在过去的 200 年里，那些为自己工作的少数幸运儿依旧如此。如果你翻阅历史文献，你会发现 19 世纪和 20 世纪一些最有生产力的人每天只工作大约四个小时。查尔斯·达尔文、英格玛·伯格曼（Ingmar Bergman）、查尔斯·狄更斯和多产的数学家亨利·庞加莱（Henri Poincaré）每天都只工作一小部分时间。

据报道，艺术家卡拉瓦乔（Caravaggio）每完成一件作品就会狂欢一个月。古斯塔夫·福楼拜（Gustave Flaubert）在创作《包法利夫人》（*Madame Bovary*）时，每天大约只用五个小时写作，其余时间则是阅读、与家人散步、与母亲交谈、来一块巧克力、抽一袋烟、洗个热水澡。小说家托马斯·曼（Thomas Mann）每天只写作三个小时。

了解一下佐治亚理工大学正在对蚂蚁进行的研究。为了深入学习效率的有关知识，那里的科学家们投入大量时间观察火蚁。毕竟，还有什么生物比蚂蚁更有组织、更有效率、更有生产力？研究人员预计会发现一群忙碌的昆虫，蚁群中的每个成员都在挖掘、拖拽和努力劳作。

然而，他们发现伊索的那则寓言完全误解了蚂蚁。事实上，蚁群中是由一小群蚂蚁承担了大部分的工作，而其他蚂蚁则把路让开到一边去闲逛，以防堵塞狭窄的通道阻碍了工作进展。事实上，这样让一些蚂蚁专注于挖掘同时让其他蚂蚁无事可做，可以以最少的能量消耗取得最大的成果。“如果你了解下所消耗的能量，懒惰是最好的做法。”佐治亚理工学院物理学院的教授丹尼尔·戈德曼（Daniel Goldman）总结道。

我并不是说让你从火蚁身上学习生活的经验，但我确实认为这很好地证明了闲散不仅很自然，还可以很高效。现在也是时候盘点一下我们的职业道德有时能带来怎样的伤害了。恶毒的不是强调努力工作，而是对努力工作的迷恋。如今的文化是“**存在**已经不够幸福，有所**作为**才让人满足”。

遵循这种指导原则会产生意想不到的后果。首先，它使我们缺乏同情心。例如，新教徒在职场中的同理心会比平时少一些。（请记住，新教徒是最相信努力工作本身就是回报的人群之一。）

我认为，工作和同理心之间的这种联系需要进一步调查，因为现在我们的收件箱是如影随形，工作在我们的脑海里也是挥之不去。有没有这种可能，最近世界上同理心缺失的部分原因是我们的手机总让我们想起工作？

不可否认，辛勤工作有助于国家和全球经济的建设。工业革命毫无疑问是经济上的成功，但工作只是实现其他目标的工具而已，赋予工作其他内涵则属于误导了。爱默生（Emerson）说"美为美而存在"，但劳动却不是这样。劳动需要一个理由。

一些企业已经尝试了缩短工作时间，并取得了令人难以置信的成绩。2018 年，一家新西兰的大型房地产规划公司决定试验缩短工作时间。员工每周只工作了四天，但却能得到五天的薪酬。在试验期结束时，领导力和参与度的得分都上升了两位数。

该公司里，表示在工作与生活之间取得平衡的人数增加了26%，精神压力有所降低，积极性则有所提高。公司的创始人安德鲁·巴恩斯（Andrew Barnes）决定将该政策永久化。他告诉《新西兰先驱报》（*NZ Herald*）："我们没有把注意力放在正确的事情上。我们关注的是天数，我们因而假设是天数带来了工作量，但这并不总是正确的。"巴恩斯发现，跟踪工作时间很简单而且成本很低，但工作时间可能并不是衡量员工业绩的最佳标准。

我决定亲自测试一下，我能否用更少的时间完成同样的工作？在整整一个月里，我记录下每天早上开始工作的时间。我每隔 50 分钟左右就休息一会儿，去遛狗或者浇花，与手头的工作拉开一点距离。而工作时，我要确保足够专注，将手机调成静音，关闭电子邮件和浏览器中任何无关的标签页。

我还摘下了手表，用便利贴盖住了电脑上的时钟，这样我就不知道时间过去了多久。我的目的是停止使用在办公桌前度过的小时数这种武断的衡量标准，而是去熟悉适应自己的生物钟。

当我发现自己难以集中注意力并变得焦躁不安时，我就会离开办公桌，找到一个时钟并记录下时间。30 天之后，我算了下我的工作时间。在大多数日子里，我会专注工作四小时十分钟左右。我最长的一次工作时间是六个小时，最短的一次是两个半小时。总体来说，我每周需要不少于一整天的休息时间，有时是两天，在这段时间里我不做任何工作，不理会我的电子邮件。如果我没有得到这段休息时间，我就很难集中注意力，更容易心烦意乱。

我的样本量只有一个，但这可能也是你生活中值得一试的实验。我向自己证明了，我不需要每周专注工作 40～60 个小时。事实上，尽管大幅削减了工作时间，但在 30 天结束时，我的工作效率变得更高了。平均而言，我每天写约 1000 字，回复 54 封电子邮件和信息，阅读约 400 页研究报告。而在我专注于任务而非时间，专注到无法再专注的时候，我每天写了令人难以置信的 1600 字，阅读了约 550 页研究报告。回复的电子邮件数量倒是几乎不变。

当然，有些行业并没有从较少的工作时间中得到同样的收益。一家名为 Treehouse 的小型创业公司在 2015 年试行了每周

32 小时工作政策，但到第二年就放弃了。事实上，到 2016 年底，许多员工每周工作 60 小时。在没有进一步研究的情况下，我们不可能知道为什么更少的工作时间在一些公司行得通而在另一些公司就行不通。但我找到的大多数说法表明，限制工作时间不会损害生产力，反而会改善员工的情绪和身体健康。

最重要的是，工作并非总是积极和健康的。根据联合国的数据，每年因工作而死亡的人数是战争的两倍以上，比毒品和酒精的总和还要多。

因此，如果我们认为工作有益于健康，可能是因为我们已经被一些信条洗脑了，相信闲散是可耻的。我们在工作时感觉良好，可能是因为社会告诉我们如果不工作就应该感觉糟糕。

这就像多年来有人说爆米花是健康的，耿直的人就爱吃爆米花，于是你除了爆米花什么都不吃，结果却生病了。有人说我们生来就是为了工作，工作永远不会错，于是我们除了工作什么都不做了。

如果过度工作会造成伤害，那么适度的闲散就是健康的，幸福感则得益于劳动和休闲之间的平衡。这是对闲散理论（Idle Theory）的合理总结。闲散理论认为，我们因为太过努力勤奋而使自己变得虚弱，而相对懒惰的生物在进化中更有优势。

当然，每个生物都必须做些什么以保持生命力。根据闲散理论，以最少的工作满足其生存需要的实体生存概率最高。克里斯·戴维斯（Chris Davis）是这一理论的最初支持者之一，他称之为“闲者生存”。

这与经常被误认为是比尔·盖茨说的一句老话相呼应，即当有一项艰巨的工作需要完成时，最好去找最懒惰的员工，因为他们会找到最简单的方法来完成工作。这种观点似乎是由一位名叫克拉伦斯·布莱歇尔（Clarence Bleicher）的克莱斯勒公司高管首次提出的。1947 年，他在参议院委员会作证时说："懒人总是找捷径。他做的可能不多，但他做起来很简单……这是我的经验。"这句话听起来是如此真实可靠，以至于半个世纪以来，除了比尔·盖茨之外，还有很多企业高管都说过类似的话。

闲散理论表明，重视懒惰不仅是一个优秀的企业战略，还是一个可靠的进化方针。有些人甚至说懒惰是大量创新背后的真正动机。"第一个想到安装船帆的人是因为不想划船了。把犁拴在牛身上是因为不想挖地了。利用瀑布来研磨谷物是因为讨厌用石头敲来敲去了。"弗雷德·格拉特松（Fred Gratzon）在他 2003 年出版的《成功的懒惰之道》（*The Lazy Way to Success*）一书中写道。人们甚至可以说，工业革命是从一个苏格兰人发现他可以为织布机安装发动机而不用整天赶马转圈时开始的。

达尔文认为生存是一场强者为王的战争。如果你相信闲散理论，生存实际上是一场闲散的斗争，而成功者，比如狮子，能够在激烈的活动与在撒哈拉以南非洲的烈日下悠然自得之间找到一种平衡。

在这种观点中，闲散不是无所事事，不是像一个懒汉似的呆坐在那里。请记住，垂钓者在钓鱼时看上去也是没什么动作，还有厨师和保安。他们在工作时不活跃，而在不工作时又很活跃。

这就是为什么把闲散作为懒惰的同义词是错误的。

闲散实际上是指一个人没有积极追求有利可图的目标的状态。你可能正在悠然自得。有相当多的科学研究表明，闲散对你有好处。甚至有大量的临床研究表明，闲散与高智商密切相关。佛罗里达海湾大学的一项研究发现，缺乏活动和深入思考之间存在联系，尽管样本量小得可怜（只有 60 名学生）。

不过，这可能不是一个反常的发现。另一项研究表明，每周工作约 55 小时的人在认知测试中的得分比工作约 40 小时的人低。几十年的研究表明，当我们允许自己享有大量的休闲时间时，我们会更有创造力，更有洞察力，更加敏锐。这当然也说得通：你可以回想一下生活中那些不少的加班时间，你认为你当时的心态是端正的吗，可以创造性地或细致入微地思考问题吗？

我认为科学观点着重表明，为了使人类大脑发挥最佳功能，需要一定程度的闲散。尽管我们认为伟人都是勤奋工作的人，但他们中的许多人对休闲的安排和对完成事情的安排一样严格。《科学休息》（*Rest*）一书的作者亚历克斯·索勇-金·庞（Alex Soojung-Kim Pang）写道：“达尔文和卢博克（Lubbock）以及其他许多有创造力和高效的人物取得成就并不是以闲暇为代价，而恰恰是因为懂得闲暇才能取得成就。”

智能手机普及的悲剧性后果之一是无聊的“死亡”。在我们的闲暇时间里，我们曾经不时地经历某种程度的无聊，但现在我们几乎不会感到无聊了，年轻一代可能都不知道这个词的含义。这个发展趋势可不是很乐观，因为无聊是人类与生俱来的一种心理状态，是思想迸发闪光的沃土。

诚然，无聊没什么值得享受的，但这正是无聊的价值所在，因为当我们感到无聊时，我们的大脑会有强烈的动机去寻找一个有意义的消遣，不设限的思想可以朝着意想不到的方向自由遨游。《无聊的意义》（*The Upside of Downtime*）一书的作者，心理学家桑迪·曼恩（Sandi Mann）说："一旦你开始做白日梦，允许你的思绪漫无目的地遨游，你就开始超越意识范畴而进入潜意识领域了。"

当我们允许大脑放松和休息时，大脑就会回到所谓的"默认模式网络状态"，开始对我们最近接收的所有新信息进行分类，并将其置于我们已知的语境中进行考虑。默认模式网络状态对于学习力、洞察力和想象力来说是必不可少的。如果我们的大脑从来没有休息过，我们就永远没有机会朝着新的方向遨游。

同样，不要把休息误认为是无所事事。大脑处于休息状态时仍然是活跃的。事实上，大脑处于休息状态时所消耗的能量只比专注于某项任务时少 5%。专注是定向工作的需要，但深思是需要闲散的。

鉴于反省性思维是我们人类的最独特的活动之一，也是将我们与我们的类人表亲区分开来的能力之一，说闲散让我们人类更加人性化并不夸张。事实上，神经科学家乔纳森·斯莫伍德（Jonathan Smallwood）认为白日梦"可能是区分人类与复杂性较低动物的关键"。

我们必须无时无刻不在进行生产性工作——我希望现在你开

始意识到这种想法有多么危险了。过多的工作甚至可能会让我们丧失人性。当我们的头脑没在忙碌时，我们可以让自己与创造力和反省性思维重新建立联系——这两种活动对进步来说至关重要。

这就是为什么尽管工作有意义和有益处，但我认为工作并不是一种基本需求。如果我们获得了生存所需的一切还没人要求我们工作，我们也会没事的。我们可能会坐在我们自己的瓦尔登湖边，对自然世界进行深入思考，还不会生病和死亡。

然而，闲暇似乎确实是一种需求，因为缺少闲暇我们就会生病。我们已经把工作和生活的平衡推向了错误的方向。在某种程度上，我们决定长时间工作是种苦难，而苦难对灵魂有益，所以工作越多，你就越优秀——这其实是对人类自然需求和能力的一种曲解和颠覆。

用**执拗**这个词来描述我们为工作而工作的信念再合适不过了。这是对人性的优点和高效的颠覆。也许现在是时候提醒我们自己，我们这个物种有多么独特和美妙，也是时候盘点一下我们如何以及为什么将这些品质抛在脑后了。

第八章　真正的人性

为什么我们生来自由，最后却被奴役？

——诺姆·乔姆斯基（Noam Chomsky）

如果我们的生存不需要工作，那我们需要什么？如果持续的工作对人的大脑来说是不健康的，那什么才是健康的？我想知道，如果我不确定什么是有利的，那么意识到我所做的事情对我不利又有什么意义？我需要的是一部关爱人类的方法指南，就像那种你得到一只新宠物后阅读的书一样。为了快乐和健康，我需要什么？这条新的线索将我引向了进化生物学中最有争议的论辩之一。

半个世纪前，语言学家、社会批评家、认知科学家、哲学家诺姆·乔姆斯基同意参加荷兰电视台的一场现场论辩。他与法国哲学家和社会理论家米歇尔·福柯（Michel Foucault）唇枪舌剑了大约 90 分钟，而这场论辩也成了历史的名场面。

二人试图回答整个人类史上最经久不衰的问题之一，我也曾扪心自问和求教于我的同事：是否存在一个普遍的人性？是否有一些东西对所有人类都无益，就像巧克力对狗一样，还是总是因人而异？是否有一些特质和倾向是我们普遍具有的，还是文化和家庭将我们重新塑造？这个问题是先天与后天（nature-versus-nurture）之争的核心，还没有决定性的答案。

乔姆斯基是一位科学家，是认知科学研究的创始人之一，所以他认为进化和生物学支配了我们的行为。福柯则对现代科学相当蔑视，认为它只是精英们控制社会的另一种手段。他拒绝相信我们的行为与生物学有任何关联。

乔姆斯基和福柯的论辩很快就转向了政治领域以及战争和压迫，但我想坚持讨论进化和人性的问题。自 1971 年的那场论辩以来，我们对 DNA 和头脑的运作原理有了更多的了解。

先天与后天的争论依旧悬而未决，但我们知道乔姆斯基比福柯更正确。虽然我们不能把所有的人类行为都归结为生物学的产物，但其中的一些行为还是可以用生物学解释的。正如乔姆斯基在 50 年前所说："有些东西是生物学上既定的，是无法改变的，是我们施展心理能力的基础。"

如果正如我所相信的那样，我们目前的工作习惯正在剥夺我们的人性，而且我们现在必须回归到对人类这个物种来说自然和健康的状态，那么我们必须首先决定具体是怎样的状态。换句话说，对人类来说，什么才是自然的环境？怎样的生产力才是健康的？对生产力的追求超过怎样的临界点就会有害？

这些问题虽然难以回答但都意义非凡。如果我们的一些习惯会伤害到我们这个物种，那么有利于人类的习惯又是什么样子的呢？区分这两者并不总是容易的。此外，有一些人就像福柯一样无法接受生物学决定我们的选择这种观点。许多人还在怀疑到底有没有普遍的人性。我们赞同进化论可以在一定程度上解释狗和鸡的行为，但我们拒绝将这种推理应用于人类。我们笃信的是自由意志。

请记住，很少有人会认为我们所有的决定和个性特征都可以用显微镜来解释。归根结底，这不是先天对（versus）后天，而是先天和（and）后天。你的所作所为一些是基于生物学的，一些是主观选择，一些是两者的结合。自然和行为科学教授杰弗里·施洛斯（Jeffrey Schloss）说，我们应该将其视为一种"集中趋势，而非必然结果"。

施洛斯在为约翰·坦普尔顿基金会（John Templeton Foundation）主办的关于"进化论是否能解释人性？"的讨论撰写文章。近十位科学家和教授通过讨论这一重要问题来庆祝查尔斯·达尔文 200 周年诞辰。进化生物学家大卫·斯隆·威尔逊（David Sloan Wilson）诗意般地将人类比作一件乐器：基本性质相同，但却能演奏出无限的乐曲。

威尔逊是《每个人的进化论》（*Evolution for Everyone*）的作者。他是越来越多的进化生物学家和心理学家中的一员，他们相信理解我们的生物学根源有助于改善我们的生活。

他的观点对我很有帮助，因为我正在努力理解自己的本性，以及怎样才能摆脱压力和焦虑。我要理解为了身体健康和内心充实，我真正需要什么，不需要什么。如果要改变我们的工作方式和娱乐方式，增加幸福感，这一点至关重要。

不过，提醒一句：我们对人类心理的理解几乎完全基于调查研究，而这些研究经常是不完美的，无法呈现人类生活的完整图景。2008 年的一项调查显示，顶级心理学期刊中的研究对象几乎都是西方人，而且约 70%的是美国人。

这意味着我们是根据一小部分人的反应得出了涵盖世界上所有人的结论。当然，这并不说这些研究是毫无益处的，而是说如果未来的调查样本能够更多样化，调查结论就会更加完整全面。请注意，接下来请紧随我一起进入进化论的深水区。这段旅程很迷人，还会帮助你更加深刻地理解你的行为，就像曾经的我一样。

让我们追溯到数百万年前，人类刚刚从黑猩猩祖先中分裂出来的那一刻。这史前课堂不必复杂，大概就是说：大约 400 万年前的非洲，我们与黑猩猩决裂了，并开始用两条腿走路。此后不久，我们开始使用石器，但第一个真正的人类直到大约 200 万年（误差约有几十万年）前才出现。

智人（Homo sapiens）是在那之后相当久才出现的。曾经有许多人种行走于大地之上，而我们的物种只有大约 30 万年的历史（鉴于本书的主题，在得知我们物种最古老的化石是在一些石制工具旁边发现的时候我不禁失笑）。换句话说，我们的历史是非常短暂的。我们有 30 万年的历史，而鳄鱼已经存在了 2 亿年。

因为从进化的角度来看，30 万年并不算多，但也够我们真正理解我们自己和我们的思想，深挖本物种的历史，回溯我们的动物祖先了。也许理解我们与灵长类表亲的共同点和不同点可以使我们更好地理解我们自己的本性。

你可能会惊讶地发现，我们与现代人猿和黑猩猩是多么相似。世界上最权威的灵长类动物学家之一弗朗斯·德瓦尔（Frans de Waal）指出："像我们一样，他们争权夺位、享受性爱、渴求安全感和亲近感，为争夺领地而大开杀戒，重视信任和合作。是的，我们能使用手机和驾驶飞机，但我们的心理结构仍然是社会性灵长类动物的心理结构。"

我们经常把我们的技术成就看作是我们有别于黑猩猩表亲的证据，但实际上，我们的技术历史只有大约 15 万年，只是进化时间轴上的一个小波动点。这可能意味着当前的技术困难仅仅是成长的烦恼，也许我们只是还没有学会如何与人工智能共处共事，但至少有一些问题不用等进化来解决，还可依靠飞速发展的科技。

很明显，黑猩猩和我们之间存在差异。例如，我们会烹饪食物，而且不在公共场合做爱。我们也开发了先进的语言，这是一个非常重要的区别。

人猿和黑猩猩是社会性动物，像人类一样，但不使用复杂的语言和词汇进行交流。诺姆·乔姆斯基认为这证明了人性的普遍性：所有人类都使用语言，来自世界两个不同地区且没有过互动的人也会创造出相似的语言结构。

我们与生俱来的语言能力也与我们独特的思维方式密不可分。一些生物学家认为，使用语言是我们能够进行抽象推理的原因之一。换句话说，人类之所以与众不同，是因为能够利用科学思维和问"为什么"。

也许，我们能够思考像时间和身份这样的抽象概念，是因为我们能够使用复杂的词汇来表达这些概念。学习不仅仅依靠观察，语言可以让一个人快速而有效地向另一个人解释如何使用锤子或如何驾驶汽车。语言使我们能够以其他物种无法媲美的方式进步。

我们将知识传授给其他人类的欲望有可能是我们这个物种的另一个显著特征。**语言**始终是我们成功的核心要素，也许也是**智人**仍然行走于大地之上，而其他人种早已不在的核心原因。一个人发现了哪些蘑菇是安全的，哪些是不安全的，并与其他人分享了这一信息，从而保护了整个社区。

在这个背景下，**社区**（Community）是一个重要的词，这也是我首先关注语言的原因，因为我们的工作习惯已经严重扰乱了我们创建社区的能力。语言是必要且重要的，因为人类的存活更多的是依赖群体而非个体。

人类也许是地球上最好的沟通者。会话是我们的进化遗产和生物优势。然而，进化让我们利用声音和耳朵来分享信息，而不是文本。截至 1960 年，世界上只有不到一半的人能够阅读。在一个相当短的时期内，我们试图用一个不那么先进或高效的手段——文本（text），去取代最重要的交流平台——说话（speech）。

语音是一种被低估的、不可思议的工具。它为我们提供数据的方式独一无二。我们进化后的耳朵可以让我们更好地倾听其他人类的声音，而进化后的喉咙、嘴巴和嘴唇可以让我们更好地说话。我们进化是为了与其他人类交谈，也是为了听他们说话。

在孩子四到六个月大的时候，父母就能识别他们的哭声并与其他孩子相区分，准确率几乎达到 100%。人类的声音就是这样独特和富有表现力。你是否曾经接到过一个朋友的电话，只听到他们说“你好”，你就问“怎么了？”

只需一瞬，你就能感觉到他们不高兴，这是因为我们已经进化到可以从声音中捕捉微乎其微的情绪梯度。大脑研究表明，在别人开始说话后不到 50 毫秒，我们就能检测到信息并开始处理，而且我们相互传达的大量信息是在下意识状态下发送和接收的。由于文本是一种有意识的交流工具，我们无法通过文本完整表达语音所能表达的东西，而且我们甚至意识不到缺少的是什么。

让我感到困惑的是，我们试图通过避免会话来提高效率，即使发声对我们这个物种来说更有感染力，而且几乎在任何场合都比文本更高效。我们在工作中投入了漫长而不必要的时间，部分原因是我们没有重视语音的使用。我们用电子邮件和短信取代了电话，无视了我们自己的进化遗产。

耶鲁大学的迈克尔·克劳斯（Michael Kraus）决定测试人类语音的表现力。在他的一个实验中，他要求人们听别人说同样的七个词的录音。在没有上下文的情况下，仅通过听到陌生人说“黄色”和“思想”这样的词，参与者就能够相当准确地猜出说话者的教育背景和就业状况。克劳斯告诉波士顿公共广播电台（WBUR）：“不论你来自美国哪里，仅凭最少七个词，人们就能做出准确的猜测。”

当前，普通上班族每天发送和接收大约 160 封电子邮件。关于我们如何用智能手机进行交流，外界的信息似乎是相互矛盾的，但根据 eMarketer 网站的不保守估计，我们每天发短信和打电话的时间分别是 55 分钟左右。年轻人发短信的时间明显多于通话时间，这应该是意料之中的，但我愿意打赌大多数老年人也是如此。

然而，语音对语音的沟通一再胜过文本，因为它更加高效和清晰，所以我们经常出现沟通障碍可能是选择书面文字而非语音导致的。还有一个重要的原因是，我们对短信和电子邮件的喜爱很可能引发问题。

研究表明，语音让我们更加人性化。最近一项激进的研究要求人们使用两种形式了解他人的意见：书面形式和口头形式。结果发现，当人们读到不同的意见时，无论是在网上还是在报纸上，他们大概率相信对方持不同意见是因为愚蠢而无法理解这个问题的核心概念。

当我们听到对方用他们的语音解释相同的意见时，我们更有可能认为他们的意见彼此不同，是因为他们有不同的视角和经验。在潜意识层面，我们会根据其他人使用的交流方式对其人性做出假定。如果我们在网上阅读一个博客，我们更倾向于认为自己比作者更加人性化。听见某人的声音让我们更倾向于把其当作人来看待，并以人性化的方式对待他们。

当你兴奋时，你的音调可能会提高；当你需要深思熟虑时，你的讲话可能会降低语速。研究报告说，音调、节奏和呼吸的细微变化“可以暗示精神生活很活跃”。研究人员还说，文本则并没有提供同样能够指向信息背后的人类思维的线索。因此，读者将作者非人化的可能性会大大增加。

其实真实的人与人之间的联系在很多方面都是强而有力的。例如，我们知道以握手开始的谈判更有可能成功结束。类似地，对大脑活动的研究表明，面对面的交流更有可能激活大脑中负责构想或想象他人想法和情绪的部分。构想是同理心的神经基础，科学家认为这是人类特有的一种能力。

在一个精心对照的实验中，研究人员发现，当人们相信他们在收听一个现场演讲而不是录音时就会产生以下效果：他们大脑中负责想象他人想法和需求的部分被激活了。也就是说，如果你认为你听到有人对你说话，你大脑中与同理心相关的部分就会活跃起来，你就更有可能对这个人产生同情心。

这就是过度使用电子邮件和短信会导致非人化和仇恨的一个重要原因：我们只是需要听到对方的声音。然而我发现人们很难接受这一点。在全球范围内，我们已经开始相信，电子邮件比电话更高效、更方便、更好。沉迷电子邮件是我们迷恋效率和生产力的症状之一。让人们远离电子邮件有时比从狗嘴里抢骨头还难。因此，让我换一种也许更有说服力的解释：神经耦合（neural coupling）。

2011 年，普林斯顿大学的科学家们开始尝试了解人类在交流时大脑与大脑之间是如何互动的。他们让一名学生讲述了她在高中毕业舞会上经历的灾难故事，然后他们让其他 12 名学生听这个故事的录音。学生们在听录音的同时还被连接到一台 fMRI

（功能性磁共振成像）机器上。

研究人员发现，收听同一故事的这 12 个人的脑电波如镜像般呈现了故事讲述者的脑电波。当听众相当投入时，他们的大脑活动几乎与故事讲述者同步。我觉得这是一个难以置信的结果，要不是它真实发生过，我可能会认为这是《星际迷航》（*Star Trek*）中的情节。

这种现象被称为说者与听者的神经耦合，或者简单地称作“心灵融合”。脑电波本质上是头颅内的电脉冲。很难解释一个人的脑电波如何如镜像般呈现另一个人的脑电波，但当我们仔细聆听时这种现象就会出现。在某些情况下，这种同步性甚至强大到听者的大脑会提前几分之一秒的时间预测到说者大脑的变化。这真是令人惊奇的事情！

这种感同身受的纽带是网聊表情符号所无法复制的。你从声音中接收到的信息是无法通过电子邮件附件传输的。你觉得电子邮件可能更高效、更简单，因为你在写邮件的时候不需要和对方打交道，这种效率其实只是一种假象。

我意识到，自己常用文本替代语音，而这可能给我制造了一些精神压力和挫折感。这是一个最好的例子，说明理解了我们的基本天性，就可以提出具体的、实用的建议：人类的最佳交流方式是通过语音，所以减少使用电子邮件和短信将有助于减少精神压力。

沟通是我们组建社区和协作完成复杂任务的载体，甚至对那些有听力障碍的人也是如此。因此，这个话题将我们直接引向另一个人类的基本素质，一个我们物种的每个成员都具有的素质：归属感的需求。

如果你是一个动物园管理员，负责为人类设计完美的围栏，你很可能不会强迫他们单独生活。我们是一个社会性物种，我们需要彼此。灵长类动物学家弗朗斯·德瓦尔告诉我："脱离群体，个体很难生存，这就是为什么归属于一个群体对所有动物来说都是如此重要。它们会竭尽所能去适应群体，因为被排斥无异于死亡。"大脑中的动物性告诉我们，社会孤立等同于增加死亡的风险。

然而，这种成为群体或部落成员的驱动力不是单纯地出于防御策略或人数优势。我们有时会做出有利于他人的选择，甚至牺牲自己的利益，而且我们与我们最亲近的动物亲属分享这种慷慨的倾向。在一项实验中，研究人员教猴子拉一条链子以获得食物。然后他们改变了设置，当一只猴子拉动链子时，机器会给这只猴子食物，但同时也会电击另一只猴子。

大多数猴子都会停止拉动链子。一些猴子宁可忍饥挨饿好几天也不愿意去伤害隔壁笼子里的猴子。科学家们发现，如果这些猴子曾经共处一笼，这种本能变得更加强烈。如果它们不认识对方，它们为了保护对方而放弃食物的可能性就会降低 1/3。保护邻居的天然意愿会随着关系越来越密切而越来越强烈。我们人类也拥有猿猴表亲的这些保护倾向。

人类也会自然地形成群体和社区，然后将该社区的需求置于其他的需求之上。在 1995 年的一份报告中，心理学家罗伊·鲍迈斯特（Roy Baumeister）和马克·莱亚里（Mark Leary）声称弗洛伊德是错误的：性并不是除生存以外最强烈的需求。他们写道："在食物、饥饿、安全感和其他基本需求得到满足之后，归属感的需求就出现了，而且优先于受人自尊和自我实现。"

只有当一个人因归属感需求没有得到满足而患上疾病的时候才能意识到归属感是一种基本需求。事实上，缺乏归属感和社会孤立对人类的身心都能造成相当大的破坏。研究表明，丰富多彩的社交生活会降低你患癌症或心脏病的概率。归属于社区的人寿命更长，经受的压力更小，而且更有可能认为他们的生活是有意义的。

孤独会使健康受损甚至导致死亡，而社会孤立的负面影响与我们的归属感需求有关。这种需求是最原始的，需求没有得到满足的结果会是灾难性的，而需求得到满足时则会受益良多。在这里可以回顾一下 2005 年进行的一项实验。

研究人员在 42 对年龄在 22～77 岁之间的夫妻的手臂上留下了小水泡。（我也惊讶于人们为了获取科学知识竟然愿意做到这种地步。）结果发现，那些承认婚姻中存在敌意的夫妇用几乎两倍于那些相互支持的夫妇的时间才让伤口愈合。换句话说，健康的婚姻关系或伴侣关系有助于身体的治愈。

这一现象在全球各地的诸多研究中都有体现。社会性接触（非恶意的）可以减少疼痛感并提高免疫力。外科医生和作家阿图尔·葛文德（Atul Gawande）说："如果没有持续的社会互动，人类的大脑可能会变得像遭受过头部创伤一样受到损害。"

在我看来，这听上去就是一种基本需求。

归属于一个社会团体几乎从**智人**第一次出现在地球上就开始帮助我们这个物种。它不仅使我们更安全，使我们能够协作打倒水牛和狮子这种大型动物，而且似乎使我们更加聪明。有确凿证据表明，与其他人打交道的艰辛（与人斗其乐无穷，对吗？）迫使我们的大脑扩张和膨胀。例如，归属于大型社区的人比那些相对孤立的人拥有更大的大脑。

归属感的需求可能起源于数百万年前，作为一种在身体上完败于许多动物邻居和尼安德特人亲戚的物种自我保护的有效方法。从那时起，这种需求从根本上改变了我们的大脑和身体，所以我们现在如果要繁荣发展，首先要成为一个健康的社会群体的成员。

这并不意味着我们必须一直喜欢对方才算健康。在社会群体中，竞争和争论都是自然的，不过必须有一个界限。如果竞争走向极端，争论变得咄咄逼人，就会产生危害。是否存在敌意决定是否健康，那种愤怒或攻击性占据主导的互动可能对你没有好处。

让我们把这个讨论带回到实际中来。由于归属感是一种基本需求，寻求孤立对你来说就是不利的。然而，越来越多的人在回避与其他人接触，并认为居家办公和订购餐饮、杂货、宠物用品以及其他任何我们不需要去商店就能得到的东西更有效率。寻求孤立可能是我们倍感压力的核心原因，这么做肯定对我们没有任何好处。

高质量的社交互动对你不仅是有益的，甚至是必需的。归属感的需求是我们众多优秀情感的基础，比如同理心，而同理心是人类生活的一个关键组成部分。

弗朗斯·德瓦尔讲述了一位俄罗斯科学家照顾一只年轻的黑猩猩的故事。有一次，这只黑猩猩爬上了屋顶，而这位科学家无法把它弄下来。她试着呼唤它，用新鲜的水果引诱它，但它不为所动。最后，她假装自己受伤了，然后坐在地上大哭。黑猩猩爬下来并拥抱了她，放弃栖息地只是为了安慰它的朋友。德瓦尔写道："我们进化之路上最亲密亲属的同理心甚至胜过了它们对香蕉的渴望。"

正是服务于归属感的同理心支撑了我们的基本道德准则。你会发现历史上几乎所有的重要宗教都有其自己版本的黄金法则：你希望别人怎样对待你，就怎样对待别人。

推己及人是需要一定程度的同理心的。我们要把自己放在他人的位置上，思考他人希望得到怎样的待遇。古生物学家西蒙·康威·莫里斯（Simon Conway Morris）写道："'爱你的邻居'从进化的角度来理解就是一种社会联结性的算法。受到吹捧的贞洁、节制、同情、勤奋、耐性、担当和谦逊等美德为有效的群体行动提供了试金石。"

达尔文对利他主义感到困惑。他无法从进化论的角度解释它，最后认为它必须是交易性的，即我们为他人付出的同时期望得到一些回报。这在某些情况下可能是真的，但我不认为它能够完全解释人类的慷慨和无私。

我相信同理心往往能够激发利他主义。我们看到另一个人在受难，想象如果处境调换，我们会有多痛苦，所以我们提供帮助。同理心加强了社会联结，促进了社会包容，从而在帮助我们满足归属感的需求方面发挥了至关重要的作用。

有充分的理由相信，我们现在追求的策略和习惯会导致同理心的缺失，尽管我们没有意识到我们的追求产生了这种影响。例如，医学界多年来一直在努力查明为什么这么多医生和护士对他们的病人失去了同理心，以及这种情况是从什么时间开始的。事实是，这种情况从医学院就开始了，可能是课程设置的结果。为了更有效地培训专业人员，许多学校现在都在强调情感疏离。

结果，在医学院的**第一年**，在临床实践之前，在医务人员对伤害和死亡司空见惯之前，同理心就已经减弱了。这表明学校在教授外科医生解剖学和医疗技术方面可能是高效的，但在教导他们如何把病人看作是具有复杂内心和经历的个人方面却不是很高效。

同理心对于我们这个物种的生存至关重要，因此它几乎是人类与生俱来的特质。年仅七个月大的婴儿就能与他人形成移情纽带。一项研究对婴儿的大脑进行了监测，在婴儿们观察到一个人触摸另一个人的手背时，他们的大脑中的同一区域就会被激活，就像感觉到自己的手被触摸一样。看来，与其他人类形成无言的纽带是我们与生俱来的能力。

如果我们在成年后失去了这种能力，说明我们没有充分地锻炼它，或者参与了导致其衰退的活动。请记住，电子邮件和短信无法像语音那样激起我们的同理心。因此，我们很有必要从现在开始构筑便于面对面以及通过电话互动的工作场所，满足我们的归属感需求，同时不侵犯人们在办公室之外的社会群体。

关于如何解决这些问题的详情，我们将在后面进行讨论。让我们先回到我们对人性所了解的信息，以及我们的幸福需要什么来维持。我们需要听到声音，我们需要归属感，我们需要对彼此产生同理心，这样才能驱散我们的关系中的敌意。我们还需要规则。

如果你把早期人类视作原始的花季少年，整天随心所欲、为所欲为，你可能会惊讶地发现，人类对规则有一种原始的热爱。我们喜欢结构、习惯和常规。正如人类学家罗宾·福克斯（Robin Fox）所说："这是人性最基本的特征。我们是制定规则的动物。"

当然，我们也拥有部落意识和领土意识。我们喜欢制定准则，规定谁是或者不是部落成员，哪里能够或者不能生活。例如，历史上几乎每一个社会都对一个人何时可以夺取另一个人的生命进行了限制。有时这些限制属于精神实践的广义范畴，有时不是，但限制总是被创造和执行的。

一个通过合作而生存的物种需要规则来管理行为，这当然是有道理的。从这个意义上说，有好邻居也不该拆篱笆。遵循规则是我们的心灵深处的呼唤，而且在大部分情况下这都是一件好事。

规则让我们能够和平共处。一位科学家指出，人猿永远不可能仅仅为了娱乐的目的而与其他不相识的人猿聚集在一起。弗朗斯·德瓦尔说："黑猩猩会打架。"然而，我们经常成千上万地聚集在一起参加音乐会和游行，我们相处融洽是因为我们坐在指定的座位上，站在黄线后面，音乐响起来就停止交谈。我们相处融洽是因为我们知道并遵守规则。数百年的进化敦促我们遵守社会规范。有些人抵制这种敦促，但大多数人不会。

因此，这是我们已知的人类的又一个普遍的基本需求：规则。这显然是条实用的知识，因为我们知道了构建边界和限制和结构既自然又健康。最后有两种行为似乎是我们物种所有成员跨越了地理和历史所共有的：音乐和游戏。

最早的音乐几乎可以肯定是人类的声音，伴随着拍打膝盖或跺脚，而科学家已经发现了象牙和骨头制成的长笛，拥有超过42000 年的历史。

音乐在进化过程中可能有一个重要的目的。许多研究人员认为，音乐帮助**智人**在与尼安德特人的竞争中占得先机。因为它在构建社区和加强同理心方面非常高效，音乐可能在建立广泛的社会网络和传递信息方面发挥了作用。相信我，我并不是因为自己是一个音乐家才这么说的。偏见并不一定不准确。

游戏也有一个重要的功能，所以它在所有人类文化中都很常见。当然，任何陪伴过狗狗或者观察过一段时间松鼠的人都知道游戏不是人类的专属。正如狗在摔跤时会磨炼它们的协调、平衡和运动能力一样，人类在小时候玩捉迷藏时也是如此。

游戏有助于发展我们的社交能力、运动能力和认知能力。游戏还可以教会我们如何处理意外事件。游戏能让青少年理解社会规则并在社区内建立起亲密关系。游戏帮助我们建立信任和管理压力。生态学家马克·贝科夫（Marc Bekoff ）与珍·古德尔（Jane Goodall）合作，发现在游戏时，“我们的人性最完整”。

许多其他事项，比如工作，都被视为人类的固有需求，但我所列出的这些似乎全部适用于不同文化和不同代际。这些才是人类的基本素质：社交技能和语言，促进同理心的归属感需求，制定规则，音乐和游戏。我们擅长这些，并需要它们来达到健康。

我将这份列表与我目前的工作习惯进行了对比，立即发现我没有为这些活动营造环境或安排空间。我唯一热衷的似乎是制定规则。我为自己制定了各种规则，比如早起、去健身房、发足够的推特来发展我的品牌。在我的时间表中没有任何与音乐或游戏或同理心有关的内容。

请记住，进化论根本无法完全解释我们的行为。其中一个持久的谜团是，为什么我们总是选择做那些伤害我们自己和伤害我们社区的事情，狗并不了解吃巧克力的后果，但我们是完全了解那些行为的后果的，比如吸烟。我们知道我们做的是坏事。我无法解释。

善的定义之一是帮助我们的物种生存和发展。我认为生物学不能解释所有的人性，很大一部分是因为我们的非理性。我们做一些对我们不利的事情。经常如此。

这方面最危险的例子之一就是我们有否认自己需要归属感的倾向，将自己孤立于与真实的人类接触之外。现在的青少年与朋友相处的时间要比 20 世纪的青少年少得多。我这一代人与朋友出去玩的时间比现在的高中生要多一小时。

我们已经收到警告，这种趋势与越来越多的孤独感和抑郁症有关。警报在几年前就已经拉响，而这个问题预计将在约十年之后席卷世界。我们都无视了这一警告，并执着于那些让我们孤立和患病的习惯。

我们就像一个被诊断为肺癌却继续疯狂吸烟的病人。问题就是这么严重。孤独感和社会孤立使一个人的死亡风险增加 25%～30%。归属感是我们的基本需求，我们渴望社交，而我们却选择让自己滴水不进。

我们并没有把时间投入到像俱乐部或其他以爱好为主的群体活动中，而是把时间倾注到工作中，倾注到永无止境的自我完善计划中。然而工作并不是一种基本需求，社交才是。

我自己的经历就是证明，我运用所学到的知识做出了巨大的改变，而且因为这些改变我变得更加快乐和健康。在未来的日子里，我将做出更多的改变。

这就是“生产力对闲散”问题如此紧迫的原因。此时此刻，我们正在自我毁灭。我们必须牢记我们这个物种的基础并回归能够满足我们原始需求的生活方式。进化生物学家大卫·斯隆·威尔逊说：“仅仅因为我们有改变的能力，并不意味着我们做出的改变就会更好。进化的结果往往不利于人类的长期幸福。”

在大约 200 年的短暂时间里，我们已经远离了人类的本性，并将自己进一步推向数字化生存和孤立。从长远来看，如果我们不能学会限制对这些工具的使用，受伤的将是我们。并不是要消除它们，而是使其接受合理的限制。诺姆·乔姆斯基曾经说过："人类很可能是一个无法存活的有机体。"他指的是我们破坏地球的倾向，但我认为他的话也可以指我们破坏自己的倾向。

我们早就应该回归自己的基本人性。这已经不是偏好问题了，而是生存问题。

第九章 这要怪技术吗

至于所有这些节省时间的小玩意，许多人抱怨说其实它们占用了过多的时间，不管是在堵车时，还是在设置机器人语音信息系统时，还是在删除电子邮件时——有时甚至是同时进行。

——“为什么每个人都这么忙？”《经济学人》，2014 年 12 月

在我恍然大悟意识到自己公务繁忙、过度沉迷、不堪重负之后，我开始好奇究竟自己的生活从何时变成这般的。小时候的我并不懂得珍惜时间，那么我是如何从一个躺在书架旁反复阅读她最喜欢的阿加莎·克里斯蒂（Agatha Christie）小说的大学生，转变为一个疲惫不堪到再没有时间阅读小说的专业人士的？

首先，显而易见的元凶就我手中的智能手机。我不再给朋友打电话询问餐馆的建议，因为我可以根据美国最大的点评网站 Yelp 的点评等级做出选择。我不必躺在书架旁边阅读了——我可以把书下载到 Kindle 上，在地铁站等车或在诊所候诊时一次阅读十分钟。

也不仅仅是我的智能手机。在我的办公桌上有一台笔记本电脑，它像磁铁一样吸引着我，牢牢占据着我曾经用于培养爱好或给我的朋友打电话看他们是否有空来坐坐的时间。

我想，很明显这问题是技术（tech）引起的。数字革命已

经——也许是不可逆转地——改变了我们生活的方方面面，而解决我们的效率成瘾的办法也很简单：把手机扔掉。我想**我所能做的就是成为一个新卢德主义者**（neo-Luddite）。把智能手机换成不能下载应用程序或播放播客的翻盖手机；严格限制我对电脑的使用，完成工作后马上离开桌子，避免被拉进可点击链接的兔子洞；当我没在忙工作时，关闭无线网络。

所有这些我都试过了。三周时间里我除了 GPS（全球定位系统）之外没有使用手机上的任何应用程序。当我观看的是电视直播而不是奈飞（Netflix）时，还有些难堪和尴尬。我收听 CD 而不是我的音乐服务。我给别人打电话而不是发短信，我把使用电脑的时间限制在每天五小时。我摘下了我的 Fitbit 智能手环并从多年前的老盒子里挖出了我的天美时手表。我回到了 1995 年的某月，地点是我家。

这么做没有用。

经过三周的模拟生活，我仍然是超负荷工作，不堪重负，并不断寻找更有效的方式去利用时间。我已经强制放慢了速度，只是因为技术使我更容易沉迷于生产力。但是，当我抛开技术后，这种沉迷仍然存在。

如果我的问题不是因为技术，也许它也不是更广泛问题的根源。那些有害健康的文化变革有可能并不是由技术引起的。我着手准备回答这个问题：这要怪技术吗？

遗憾的是，答案并不是简单的是或者不是。请记住，技术本身并没有什么不自然的地方。水獭用石头砸开牡蛎有什么不自然的吗？海狸建造水坝，章鱼使用椰子壳作为盔甲，有什么不自然的吗？黑猩猩和大猩猩会使用工具，乌鸦和老鼠以及许多其他生物也会使用工具。大家都知道大象会用树枝制作苍蝇拍，还会把木头扔到电围栏上避免受伤。

人类从石器时代开始就一直在使用工具和技术。技术对我们的生存至关重要。太冷了怎么办？我们创造了衣服。需要做饭怎么办？我们创造了锅罐。需要携带水怎么办？我们创造了瓶子和皮袋。研究甚至表明，当我们拿起工具时，我们的大脑将其视为身体的延伸。拿起一个锤子，大脑就会把那个锤子视为你手臂的一部分。工具和其他技术就是这样自然。

不过，我们使用了几千年的工具和今天的技术有着天壤之别。当你在一块木板上钉完钉子后，你一般会把锤子放下，当你用锅烧完水时，你一般会把锅收起来。大多数时候，我们使用工具在有限的时间内完成特定的任务，但我们可不是这样使用智能手机的。我们有手机在，任务就永远不会完成，所以工具也就永远无法收起来。

让我们先说坏消息，先列出我们的技术可能是有害的所有原因。我必须警告你：这个列表相当长。

我请我的朋友想象一下没有智能手机的生活会是怎样的，结果大多数人都茫然地盯着我，脸上写满了困惑。一位朋友说，她曾把车钥匙落在餐馆，把狗落在公园，把钱包落在机场安检处，但通常情况下，她在几秒钟内就能知道手机没在身边。这个设备是多么迅速地成为不可或缺的东西啊！请记住，我们在没有智能手机的情况下，生活的岁月要比有智能手机的时间悠长得多。

智能手机是一个极其新近的产品。第一款真正的智能手机是诺基亚 9000（Nokia 9000 Communicator），于 1996 年推出，售价约 800 美元（在 2019 年约等于 1300 美元）。黑莓手机出现于 1999 年，当时只有约 60%的美国成年人拥有某种类型的手机。在 2005 年，拥有一部黑莓手机仍然被认为是件很酷的事。

2007 年，iPhone 问世。几年后的 2011 年，根据皮尤（Pew）研究中心的数据，只有 35%的人拥有智能手机。到 2018 年，这一比例接近 80%。请先停下来认真思考片刻。大多数成年人开始使用智能手机才几年时间，但我们迅速对它上瘾了。

有一天我把钱包忘在家里，结果到机场没有身份证，我就买了一个手机钱包，这样我就可以把身份证和各种卡片存在手机里，这样无论如何我都不会忘记了。我劝说自己，如果我上瘾了，不妨让这种上瘾对我有利。

大多数人在一天早上醒来之后和晚上睡觉之前碰触他们的手机大约 2600 次，每天使用手机大约 5 个小时浏览各种信息。如果你总感到时间不够用的话，可以计算一下。在一天 24 小时中，你可能会需要睡 6～7 个小时，工作 8 个小时。在剩下的 9 个小时中，有一半以上的时间你都在盯着手机。我们中有 85%的人一边玩手机一边与家人和朋友聊天。这一点可能都不需要我特意去证明，因为超过半数的美国人承认他们对手机上瘾了。

佐治亚州南部大学的贾里德·耶茨·塞克斯顿对我说：“我想了很多，以前很多工作中的交流都是在吸烟室或者饮水机旁边进行的。而现在的工作更多是围绕着手机进行的。” 我很难理解这些手机是如何变得在我们的生活中无处不在的，如何彻底改变了我们的习惯、我们的生活方式，甚至我们的大脑。

首先，手机已经改变了人与人之间的沟通方式，而且大多数情况下是越来越糟。在我看来很讽刺的是，我们选择不与人交谈是因为我们认为电子邮件和短信更加高效，但这与事实相去甚远。也许我们过度使用技术的最重要原因是一种潜移默化的信念，相信数字化总是优于模拟法。我们不断提高生产力的驱动力（我们从未停下来思考过我们的生产是否该有个限度），让我们一次又一次地寻回桌上的电脑和手中的手机。

我们的笔记本电脑可以不断增强计算能力而且其效果是可衡量的，但我们的大脑却不是这样的。你不能升级你的灰质让它能更快地处理信息。我们的大脑并不像计算机那样运行，因此我们不应该用数字处理器的速度来衡量自己，然而我们却在这么做。当计算机被引入职场时，它们加快了许多原本为人类节奏设计的流程。

请记住，在后工业化时代的社会，时间就是金钱，所以更快的处理速度可以更快地产生更多的利润。但人类却无法跟上这种速度。社会理论家杰瑞米·里夫金（Jeremy Rifkin）写道：“计算机引入了一个以纳秒为主要衡量标准的时间框架。纳秒是十亿分之一秒，尽管在理论上我们还是有可能理解纳秒的……**但实际上根本不可能体会到**。我们从来没有以超越意识领域的速度安排过时间。”也就是说，计算机以令人难以置信的速度计算，大脑则需要放慢模拟速度，才有利于我们深入思考和创造性地解决问题。

心理学家丹尼尔·卡尼曼（Daniel Kahneman）整理了大量关于我们放慢思维过程的益处：不仅可以获取直觉性和无意识性的结论，还可以获取更多的反思性推理（reflective reasoning）能力。我们对大脑的了解越多，就越能意识到放慢速度多么有益。

例如，我们常说想要平静下来可以“深呼吸”，其实放慢呼吸速度不仅可以放松肌肉，还可以对大脑产生影响。谐振式呼吸法（coherent breathing）训练人们将呼吸速度放慢到每分钟六次（或更少），这样可以增加你的注意力持续时间、决策能力和认知功能。

但是我们设备的速度很快开始改变我们对非数字世界时间的理解。例如，在发送短信后和收到回复前，你要等多久才开始失去耐心？电子邮件呢？商业通信的速度成指数地加快，虽然这带来了许多益处，但也改变了我们社会的期望。美国南加州大学的研究人员分析了160亿封电子邮件，发现你点击发送后，希望可以在两分钟内得到回复，但大多数人选择在一小时内回复。

假设你在一家鞋厂工作。同样的运输单据，2001年需要几小时甚至几天才能送到你手中，而现在如果没有在几分钟内收到和回复，难道就会造成一场大灾难？我们的业务是否真的变得更加紧急，还是只是期望值发生了变化？

如果你不立即回复邮件，你的经理可能会很恼火，但我认为立即回复未必是业务的最优解。也许在回复之前花些时间思考一下会提高回复的质量。

我自己也测试过这一点，故意等了好几天才回复短信和邮件。一切安好，我没有失去任何客户，我所有的工作都完成了，延迟并没有造成任何大大小小的问题。从那时起，我就一直坚持这种做法，每天只检查几次电子邮件。一旦人们意识到我可能不会立即回复他们，他们就不再期待我的立即回复，而我再也不用在晚上 9 点发送电子邮件了。

短信的速度更快。95%的短信在 3 分钟内会变成已读，而得到回复则需要大约 90 秒。90 秒！这意味着我们需要经常停下手中正在做的事情——穿衣服、吃晚饭、和你面前的某个人说话——去回应“情况如何？”的询问。心理学家亚当·阿尔特（Adam Alter）在他广受欢迎的 TED 演讲中指出，智能手机是“你人性的居所。而现在，它就住在一个非常小的盒子里”。

技术为我们的生活带来了许多的干扰。首先，技术干扰了我们的睡眠。我们中的大多数人都是拿着手机睡觉，或者把手机放在身边，我们中的 1/3 承认在半夜的某个时刻会查看手机。你现在可能认为起夜上厕所时瞄一眼手机或者把它带在身上没有什么大不了的，但你的大脑可能有不同意见。

手机和平板电脑发出的光会欺骗我们的大脑，让其误认为现在是白天，这是其一。大多数电子产品使用波长很短的蓝光，可见度高还非常节能。蓝光在白天的时候是很好的，既环保又可以改善情绪和补充能量。

问题是，长远来看，蓝光会对你的眼睛造成损害，抑制褪黑激素（melatonin）的释放，而这种激素可以帮助你进入和保持睡眠。哈佛大学的科学家曾对比测试过蓝光与绿光所产生的影响，他们发现蓝光抑制褪黑激素的产生和扰乱昼夜节律（其管理睡眠和觉醒时间）的时间大约是绿光的两倍。这里所传达的信息是，如果你在睡前两到三小时内查看你的设备，很可能会破坏你的睡眠周期。经过数百万年进化的训练，我们的身体才对日出与日落做出了反应，而重新适应的过程将会需要不少时间。

此外，手机很能刺激我们的认知和视觉。许多应用程序的初衷和特长就是吸引你的注意力。可是一个机敏活跃的头脑是不会休息的。除此之外，你的大脑可能无法识别在脸书（Facebook）上发帖和在办公室工作的区别。如果你在床上时喜欢使用社交媒体或回复短信和电子邮件，你就是在告诉大脑，床是一个工作而不是休息的地方。

不过，负面影响已经渗透到卧室之外。事实是，当我们过度使用智能手机时，它们给对大脑带来了强烈的负面影响。你的大脑对待所有发来的通知就像对待火警铃或敲门声一样认真。只要手机在手，基本上你的大脑就会消耗一定的能量准备应对可能出现的各种紧急情况。

一个小小的短信提示音就会激活你脑中的压力激素（stress hormones）。你的身体进入战或逃模式，你的肌肉甚至开始收缩，为你起跑做准备。现在想象一下，这个过程会在一天中重复数百次，也许是数千次，只要你的手机振动或发出声音。在你的肌肉收缩和释放一整天后，你很有可能感到浑身酸痛。效果明显。

事实证明，你与手机的互动越多，你大脑中的“噪声就越嘈杂”。我这里所说的噪声被称为“神经元变异性”（neuronal variability），这个术语描述的是我们头颅内某种不相干的、可能令人分心的脑电活动，会干扰我们大脑的信号。

因此，我们的手机干扰了我们的睡眠、注意力，引发了压力，也让我们因为在电话会议时查看短信或在看书时回复电子邮件付出了不小的代价。这是一个很好的机会，重新审视多任务处理的问题，以及我们为此付出的代价。

我们的大脑从一项任务中脱离出来然后专注于新的任务需要时间。一些心理学家说，我们大约 40%的认知精力都用于在短信、电子邮件、社交媒体和网站链接之间来回切换。

当我们在做一件事的时候，我们的前额叶皮层（就在额头部位，负责做出行政决策）使左右大脑的同时专注于手头的任务。当我们试图进行多任务处理时（一边写报告一边回复电子邮件），左右脑就分成了两个独立的团队，我们的注意力也就一分为二了（字面意义上的）。我们变得健忘，而且犯错的可能性是之前的三倍。

毋庸置疑的事实是，我们的手机严重分散了我们的注意力。仅仅是智能手机的存在就会让我们的灰质焦躁不安，从而干扰我们执行基本认知任务的能力。

让我以自己的真实经历为例，讲述我在全国火车旅行之前和期间的写作过程。就在出发之前，我写了几篇关于火车旅行和我决定与美国国家铁路客运公司（Amtrak）相处两周的博文。我坐在家里的电脑前平均四小时写一篇。

我每天都在火车上写博客，但我经常没有 Wi-Fi 信号，因此无法在工作时翻阅其他网页或查看电子邮件。我大约 40 分钟就能写完一篇。尽管我觉得多任务处理很有成效，但我实际上凭借专注于写作就节省了将近三个半小时。

我之前说过技术造成的损失列表会相当长，但是我们已经来到了列表的底端。有一个有趣的小现象：访问互联网让我们自以为是。这一点很重要，因为它直接支持了这样一个观点：技术并不总是让我们更加高效，而是创造了一种高效的错觉。

耶鲁大学的研究人员进行了一系列的实验，参与人数超过千人。在一项研究中，研究人员向实验对象传授了拉链的工作原理，并要求半数的实验对象通过在线搜索来确认知识的细节。随后实验对象会被问到一堆完全不相关的问题，比如，“龙卷风是如何形成的？”那些被允许在线搜索有关拉链信息的人更愿意相信他们对提问的**一切**都知道得更多，不论是天气、历史还是食物。

研究表明，在线搜索并不能让我们知识更渊博，但却大大增加了我们对自己知识的信心。例如，在线搜索你的症状，绝大多数情况下都只能帮你找到一个错误的诊断。然而，使用虚拟症状检测器的人更有可能对医生给出的建议产生质疑，并寻找其他治疗方法。

我们在金融界也看到了同样的结果，在线搜索会让你对自己的整体知识更有信心，更有可能根据自我肯定而不是实际数据进行投资，把赌注押在那些你自认为了解的东西上。

在关于技术的辩论中，也许最确凿的证据就是大量的技术工作者限制他们的孩子使用智能手机和平板电脑。脸书的雅典娜·查瓦里亚（Athena Chavarria）告诉《纽约时报》："我确信魔鬼就寄宿在我们的手机里，正在对我们的孩子造成严重破坏。"

史蒂夫·乔布斯不允许自己的孩子使用 iPad，他说他和他的妻子会限制孩子在家里使用技术。推特的创始人之一埃文·威廉姆斯（Evan Williams）让他的孩子阅读真正的书而不是平板电脑，《连线》（*Wired*）杂志的前编辑克里斯·安德森（Chris Anderson）说他在家里严格限制使用电子设备的时间，因为他痛苦地意识到科技可能造成怎样的伤害。他说："我自己已经深受其害。我不想我的孩子重蹈覆辙。"

技术工作者和软件开发人员对我们的设备成瘾负有部分责任，所以他们很清楚也很担心技术会对他们的家庭造成影响。这应该让我们所有人都按下暂停键，反思我们使用的智能手机和平板电脑。如果厨师做的饭都不给他自己家人吃，你还会吃他做的饭吗？

让我们来看看列表上的最后一项，也是个大问题。数字设备正在对我们的社交互动产生巨大影响。对我来说，这可能是智能手机成瘾的最麻烦和最危险的副作用。

发短信和社交媒体的初衷是好的。人们真诚地相信，技术使沟通速度更快、成本更低，从而拉近了人与人之间的距离。它已经实现了前两者，但没有实现后者。事实上，技术让我们更孤立了。危险的是，就像我们在线搜索后自以为拥有了更多的知识一样，技术给了我们一个高效沟通的错觉，它让我们认为自己正在建立一种实质性的联系，我们因而错过了警告信号。

在脸书上拥有数百个“朋友”或在推特上拥有数百个粉丝并不等同于与真实的人建立了真正的友谊。这话不能说得再明白了。我们越来越多地投入在横向关系（广泛而肤浅）而非纵向关系（集中而深入）上，然后被泛泛之交所淹没。

20 世纪之前，人类在其一生中只与几十个人打交道。我们拥有少量的知己、稍多的好友、更多的熟人时，要比在网上有几十个“朋友”而几乎没有亲密友谊时健康得多。据报告，1985 年，美国人有三个亲密的知己，而到 2004 年，这个数字下降到两个，大约 1/4 的人说他们根本没有可以谈论私人问题的对象。

我真心相信社交媒体的一些不良影响是由超负荷引起的。我们每天（有时是每小时）都会遭受情绪化的轰炸，以寻求关注和互动。脸书上比较常见的一种信息是这样的：“我正在进行一项测试，看看是否有人真正阅读我的帖子。如果你读到这个，请告诉我我们是怎么认识的。”如果你不记得你是怎么认识这个人的，而且通常不看他们的帖子，看到这种信息就会让你感到心有不安。情感刺激总是应接不暇，我们自然会有从人与人之间的接触中退缩的想法。

在我理解了进化的知识之后，我就能更好地理解社交媒体让我疲惫不堪的原因了。社交媒体让我又爱又累的部分原因是我根本无法即时跟踪每个人的婚姻、父母和事业情况。我想关注，但这真的很难。

正如人类学家和进化心理学家罗宾·邓巴（Robin Dunbar）所说："我们的头脑限制了我们在世界上的社交人数。亲密关系所需要的情感和心理投入是相当可观的，而我们可用的情感资本却是有限的。"

邓巴的研究创造了"邓巴数字"（Dunbar number）的概念：一个人可以合理地维持的关系数量。邓巴数字是 150。截至 2018 年底，我在脸书上有 8000 多个"朋友"，在推特上有 16000 多个粉丝，他们都会给我发信息，并在我的照片下面评论。许多人都知道我的狗的名字、我最喜欢的食物以及我的时间安排。这太多了。互联网在连接人与人方面也许过于高效了。

作家乔·希尔（Joe Hill）在 2018 年发出的一串推文让我震惊。他写道："社交媒体承诺会将人与人连接起来，但我认为这 11 年来，起码对我来说，社交媒体实际上更善于将我们分离开来，给我们带来悲伤……我在这里结识了一些伟大的朋友，进行了一些良好——甚至是惊人——的对话。但我逐渐相信，社交媒体对我的净效应并不是好的。"

希尔最终回归了推特并且仍然活跃在这个平台上。我很难责怪他这样做。像推特和瓦次着（WhatsApp）这样的平台拥有一些不可忽视的优势。这些平台以及智能手机和平板电脑的问题不是使用，而是**过度使用**。当我们试图用无法与真家伙相媲美的技术来取代原本已经发挥作用的东西时，问题就出现了。

我问过社会心理学家朱莉安娜·施罗德（Juliana Schroeder）

这个问题，她说："我们想让基于文本的媒介成为传达思想的更好方式。但是这些基于文本的工具过于直白且效果不大。讲话则更为复杂，而且存在的时间比书写长得多。"

我接着问有没有可能在某一时刻文本会如说话一样高效，她说是可能的，不过得在 **5000～10000 年**之后了。因此，到了 7020 年，文本也许就会发展成为和人类语音一样全面的交流工具了。

有了这么多的证据，似乎可以认定智能手机就是故事中的反派了，但我认为我们不该将这一切归咎于技术。我们的设备是极好的，只是被我们滥用了。社交媒体就是一个完美的例子。研究表明，如果使用得当，积极主动，社交媒体是可以让你更快乐的。

当然，在实践中，情况并非总能如此。社交媒体让大多数人感到苦不堪言。我们知道大多数人都会"潜伏"在脸书上，他们在平台上的大部分时间都在阅读其他人的帖子，浏览其他人的照片，将自己的生活与其他人精心挑选并展示的经历进行肤浅的比较。这种行为侵蚀了幸福感，让你不开心。事实证明，我们在脸书上的活动中，只有不到 10%涉及与他人的积极沟通。

我们只有主动和有意地使用社交媒体而不是紧盯着别人的内容时才能从中获益。因此，社交媒体不是在帮助我们，而是在浪费我们的时间，让我们伤心。事实上，一项调查显示，想戒掉社交媒体的人比想戒烟的人还多。我想这很好地说明我们已经上瘾了，而且我们还认识到这种上瘾对我们没有好处。

顺便说一下，我并不是说任何使用社交媒体的人应该感到羞耻。看到数百人给你发布的推特点赞是很有成就感的。和一个与你持相同想法的人有来有回地“聊天”，这种感觉令人兴奋。即使是受到侮辱（没有特别粗暴或骇人的话），看到有很多人跳出来为你辩护也算是一种愉快的经历。

即使我做了这么多研究，我还是用两年时间才最终注销了我的脸书账户。我还在浏览器上安装了一个限制推特使用时间的扩展程序，然后发现自己其实是在自欺欺人——在用完所有的推特时间后就换了另一个浏览器。我发现仅靠决心是无法停止在手机上玩游戏的，我必须完全删除这些应用程序。

近年来，人们越来越清楚地认识到，我们对数字化上瘾并不完全怪我们自己。前谷歌设计伦理学家特里斯坦·哈里斯（Tristan Harris）经常在他的文章里提到技术“劫持了我们的脆弱的心理”。比如，许多设计师遵循老虎机（slot machine）模式来推动我们与应用程序的互动。他们创造了一个充满变数的奖励系统，你有时会因为拉动控制杆而得到奖励（刷新你的收件箱或推特回复），有时却什么也得不到。

“当我们从口袋里掏出手机时，我们就像在**玩老虎机**，看我们收到了什么通知，”哈里斯写道，“当我们用手指向下滑动查看 Instagram 的回复时，我们就像在**玩老虎机**，看下一张出现的照片是什么。”专家表示，人们对老虎机上瘾的速度是其他类型游戏的 3～4 倍，部分原因就是其中的不确定性。所以软件设计者模仿这种模式也就是意料之中的了。

游戏化专家盖布·兹彻曼（Gabe Zichermann）告诉《时代》杂志，许多公司正试图创造一种“尿不湿产品”（diaper product）。兹彻曼解释说，其基本概念是“让用户上瘾到甚至不想起床小便”。当然也不想上床睡觉，因为奈飞的首席执行官里德·黑斯廷斯（Reed Hastings）告诉投资者们，该公司真正的竞争对手是睡觉。

好家伙，这确实有效。奈飞取消了许多节目的结尾和开场部分，这样在你还没有意识到前一集已经结束时另一集就又开始了。我一般在晚上 10 点睡觉，但有一天晚上狂追了一整季的《英国烘焙大赛》（*The Great British Baking Show*），当我茫然地看向时钟时，惊奇地发现时间已经是凌晨 2:15。这个节目相当于电影院里的一桶爆米花：我只是一直没头没脑地吃，吃到整桶空空如也。

错失恐惧症（FOMO，the fear of missing out）也导致了技术成瘾。FOMO 结合了广泛的社会焦虑、人类固有的求胜欲和现有的对社交媒体的沉迷，最后混合调配出的鸡尾酒令人头晕目眩。

许多社交媒体平台鼓励持续更新和永无止境的讨论和评论。如果你过几个小时再去看推特，你可能会因为错过了前一条火遍全网的推文而无法理解评论里的笑话和嘲讽。所有人都害怕成为那个落伍的家伙，所以我们一次又一次地刷新着。

通过压榨这种恐惧，软件设计师们实际上是在挖掘一种古老的求生机制。在数百年前，我们能否对潜在威胁保持警惕往往是生与死的区别。掌握最新信息是我们最原始的欲望。正如临床心理学家安妮塔·桑兹（Anita Sanz）在社交问答网站 Quora 上所写的，大脑中有一个区域会在我们没有得到所需的全部信息或被排除在我们的社区之外时向我们发出警告。

她写道："杏仁核（amygdala）是大脑边缘系统（the limbic system）的一部分，它专门负责检测某件事情是否可能对我们的生存构成威胁。缺少重要信息或没能留在集体'内部'就足以让许多人的杏仁核引发压力或激活'战或逃'等反应。"

这是一种强大的力量，鼓励我们每隔 20 分钟左右就回归我们的脸书，因为这种最原始的欲望使我们相信这么做才能获得最新的信息，才是安全的。因为恐惧，杏仁核提升了推特信息的优先级。在潜意识中，我们认为在社交媒体上随时关注最新信息是我们最好的选择：更高效、更安全。

不过，我之前提到过，快速接收信息并不利于深思和推理。当我们一边速览社交媒体一边略读花边新闻时，我们只能开启无意识和本能性的思维过程。我们的思维是反射式的，所以犯错是合情合理的。我们不会质疑假设或者发现逻辑上的谬误。很多时候，我们接受并传播的是错误的信息。

当我与自己的成瘾做斗争并甘心忍受技术干扰我的人际关系时，发现我的许多朋友正在经历同样的事情，这让我略感欣慰。既然同辈人的期望在某种程度上导致了我们成瘾，也许我们可以下定决心共同改变这些期望。

这方面的研究结果已经相当清楚。在过去的 20 年里，集合了最高设计水平的生产力工具正在严重影响我们的生活质量。这是一个全球性的问题，引起了从印度到荷兰再到巴西和中国的关注。

鉴于我和其他许多人的斗争，这个问题明显不是年轻人的专属。智能手机成瘾的专业术语是“**无手机焦虑症**”（nomophobia），即没有手机时出现的恐惧心理。即使是老年人也不能幸免。软件设计师已经成功地吸引了我们的注意力，10%的人承认会在做爱时查看手机，12%的人说他们会在洗澡时查看手机（希望他们的设备是防水的）。

社交媒体和技术使用率节节攀升的同时，孤独感、社会孤立和自杀也在增加。

但是这一切——应用程序成瘾和错失恐惧症——变成如此规模的源头其实是在 19 世纪生产力和高效率开始成为生活的主导。一个能把手机留在家里的人肯定不是什么重要角色，对吗？孩子们看到他们的父母在餐桌上回复电子邮件，就会对这顿饭与电子邮件的相对重要性做出假设。史密斯学院的瑞秋·西蒙斯说：“许多年轻人转向屏幕，因为他们觉得这是工作不止的文化唯一认可的娱乐方式。”

这种工作不止的文化在诺基亚发布第一款智能手机之前就存在了。它在微软 Windows 或苹果 iMac 之前就存在了。当你想对我们目前的压力、焦虑和社会孤立问责时，你可以先从技术下手，但最终的落脚点还是在职场。功能障碍始于办公室而非互联网。

归根结底，技术是一种工具，在完成特定的任务后就该暂时放在一边。如果你使用社交媒体是为了与朋友和家人保持联系，那你应该每天只查看一次，然后回到现实生活中去。此刻，我们的机器囚禁了我们，但我们有能力解放自己，甩掉枷锁。

即使我们现在这样做——控制我们的设备，限制使用我们的社交媒体——潜在的问题也不会消失，就像我断开与设备的连接却并没有缓解我的焦虑感或减轻我的过劳感。这就是为什么技术不是问题，它只是一种症状。

虽然我们无法确定智能手机和社交媒体的兴起与社会孤立的增加是否有因果关系，但肯定是相关的。根据美国信诺（Cigna）的一项调查，我们中最孤立和最孤独的人是最懂技术的人：20 世纪 90 年代中期以后出生的年轻人。

顺便一提，请注意孤独（loneliness）和独处（being alone）之间是有区别的。有人经常与他人互动、与同事交谈、给朋友发短信，看起来社交生活很充实，但可能私下里他们正与社会孤立的负面影响做着斗争。

在这个问题上，感知就是现实。感觉被孤立就是孤独，而称自己没有亲密朋友的人的数量正在增加。

孤独是由缺乏亲密联系造成的，而这种联系很难在网上建立。脸书可能会大大增加你在一天中的社交互动的数量，但却减少了有意义联系的数量。我们有那么多喜欢取消计划、喜欢拒接电话只发短信的段子（memes），其实都在述说着 21 世纪的悲惨生活。

在脸书上有成百上千的朋友或在推特上有大量的粉丝并不能填补我们内心的空虚。与一个活生生的、有血有肉的人交谈或者共度时光和数字化互动完全是两回事。当你看到有人向你挥手或对你微笑时，这种认可会产生社会联结的感觉，而当你看到 Instagram 上的一个“喜欢”时，一般是不会有这种感觉的。

数字联系的真相也就是办公室的真相。与同事的关系也无法满足亲密互动的需要。这种友谊往往依赖于工作，所以你的雇主拥有最终控制权。

如果你的互动是在职场进行的，那它就是关乎职场的。如果你被解雇了，你很可能再也不会见到那个人。但你与职场外的某人建立联系后，即使你找了一份新工作，他们仍然会和你交谈；很少有工作关系能够带来这样的稳定感和接纳感。

在我们越来越关注工作、生产力和高效率所带来的诸多变化中，友谊——需要时间的滋养，因而显得低效的消亡可能是最具破坏性的。职场不是家庭，同事不是至交。与推特上的朋友每次用 140 个字符交谈，效率高得惊人，但却没有什么情感价值。为了建立我们所需要的关系，我们必须开始重新划定办公室和家庭之间的边界线。

现在，我们已经知道问题所在，是时候讨论解决之道了。

第二部分

从“生活黑客”到“生活回归”

生活回归一：感知时间

你认为人们出于自身利益，会意识到什么是对他们有利的，并且会改变看法。

——罗伊·鲍迈斯特

我进入这个研究领域是出于自身利益。在生命中这个阶段，我正在做的一切已经难以为继。我焦虑、烦躁、疲惫。这不是我想要的生活，而收入的大幅增加并没有改善这种情况，反而使情况进一步恶化。

我正在做的一切在别人看来理应会让生活变得更美好：寻找策略来简化我的家务、使用生产力日志、关注有保障的锻炼计划及非常非常努力地工作。我的事业确实更上一层楼了，但随之而来的却是精神压力的增加和幸福感的降低。我越是成功，就越是焦虑。

我用了好几年的时间抽丝剥茧，终于发现问题出在哪里了。下一步就是要设计一个解决方案。幸运的是，解决方案早就在那里了，只要我们去了解一下在詹姆斯·瓦特决定摆弄蒸汽机之前人类是如何生活的。

在研究了神经科学、进化生物学和灵长类动物学之后，我得到的启示是：我们早就知道该做什么了，只是有点偏离了航道，但现在可以将方向扶正。

商业界把效率作为获得更高利润的途径，并把许多其他方面的考虑置于次要地位，同样的情况也发生在个人生活中。我们在变得更加高效的同时，也变得更加脆弱。请对比一下效率的目标（适应现有的环境）和韧性的目标（适应变化的环境）之间的区别。

罗杰·马丁（Roger Martin）在《哈佛商业评论》中写道："有弹性的系统的典型特征——多样性和冗余性——正是高效率所要破坏的。"从本质上讲，我们适应了 200 年前的环境，商业在当时的系统中运转良好，制造业为经济提供动力，数百万人在工厂工作。

但当理想的环境发生变化时，我们未能做出相应的调整，而是坚决沿用 1880 年的有效策略，尽管我认为当时的策略在历史上的任何时候对大多数人都不算友好。

现在，我们已经抵达了绝壁。两个世纪以来一直在地平线上徘徊的乌云现在就笼罩在我们头顶。是时候做出改变了。

我以为这是我个人的问题，但其实相当普遍。我的许多朋友也在经历着同样的挫折和焦虑，他们的同事和家人也是如此。我们所有人都是所处文化环境的缩影。

在采取行动之前，我们最好先静下心来，环顾四周并进行评估。对所处的位置有一个清晰（和坦诚）的认识很重要，因为我们有可能并不清楚自己的习惯和行为。工业化世界中的许多人都有"忙碌错觉"，错误地认为我们比实际上更忙碌。这可能很难接受，但许多人确实容易认为自己的工作时间比实际更长。

如果这些话令你反感，我可以理解。我也经常在一天结束时感到筋疲力尽，勉强拉着狗去散步，更不用说自己做饭了。也许这就是为什么 2007 年才出现的烹饪食材配送服务业能够发展得如此迅速的原因，11 年后其产值高达 50 亿美元。如果你的第一反应是：**我的工作时间真的太长了，这不是无病呻吟**，我完全理解，我也是这么想的。

自 20 世纪 60 年代中期以来，美国一直在进行时间调查，因此对平均工作时间有着相当准确的了解。男性现在每周的工作时间比 70 年代**少** 12 小时。女性的工作时间则增加了，部分原因是有更多的女性拥有了全职工作，而且她们的无偿劳动率降低了两位数。

如果职场妈妈们翻看最近几周的日记就会发现她们与孩子在一起的时间比想象的多得多。事实上，自 20 世纪 90 年代以来，总体工作时间就几乎没有增加，父母每周与孩子相处的时间更多了。

即便这样，许多人仍然觉得工作时间太长了，而且还在不断地压缩其他活动的时间。所以弄清楚你的时间都是怎么度过的就很关键了，这样你才可以确定疲劳感的源头在哪。在这种情况下，一个简单而有用的工具就是日记。如果你能够详细记录近几周的日程安排，就可以弄清楚时间都用在什么地方了。在着手解决与高效率和生产力成瘾有关的任何问题之前，你必须先准确评估这种成瘾对你的习惯和选择造成了怎样的影响。

不管你是否真的工作时间过长，只要你**相信**时间不够用，都会产生真实的、具有破坏性的影响。紧盯着时间——即使是下意识地——也会导致表现的急剧下降。研究表明，如果高度在意时间的流逝，你对他人的同情心就更少。此外，它还会扰乱做出理性决定的能力。

正因为如此，你越是感觉时间紧迫，就越容易在如何利用时间方面做出错误的选择。这可能很快变成恶性循环：对如何利用自己的时间没有清晰的认识，会让你更容易不知所措，然后导致你做出可能带来更多压力和焦虑的决定，这就加深了你时间紧迫的感觉，最终你会不知所措到不可救药的地步。

对如何度过时间的理解称为“时间感”。时间感不强的人会花更多的时间看电视或挂在社交媒体网站上，而且总感觉不知所措。

另一方面，时间感强的人非常清楚自己的日程安排，实际上更愿意留出更多休闲时间。这些人还会留出时间去沉思和自省，因此会有一种时间充裕的感觉。这种循环就是良性的。你可能认为，你多投入几个小时把工作提前完成后就可以放松，但实际上你还是需要通过休息才能减少压力。

增强时间感使我的生活发生了彻底的变化。在一天结束时，我感到成就感满满，因为我完全清楚都做了些什么，同时也感到安闲自得，因为知道自己能坐在门廊阅读几小时的杂志。

这一个小小的改变——更清楚自己在醒来后和睡觉前都做了什么——可能会带来一连串的益处。正如我提到的，这么做可能会让你觉得有更多的时间支配，满足你的需求和欲望，而且这种感觉对你来说其实比加薪更有利。2009 年的一项研究表明，在不考虑收入的情况下，如果让人们相信他们有富余时间，也会感到更健康、更快乐。

你会注意到我说的是“让人们相信他们有富余时间”，描述的是一种感觉，而不一定是现实。实验中没有人真正获得了更多的自由时间；他们只是**觉得**有更多的时间。而获得这种感觉只需要跟踪记录时间就可以，不需要做出任何改变！需要的不是努力工作而是努力休息，这有些反常识，但这就是真相！

显然，有一些基本需求必须得到满足。有些人不得不做几份工作才能有家可归，有饭可吃。我其实也刚刚摆脱这种状况，如果有人告诉我要么工作上更进一步，要么直接退出，我一定会嘲笑他们的。我当时就处于“战或逃模式”。当然，对一些人来说，时间富裕感也许是遥不可及的。

然而，如果你已经不再为了支付水、食物、衣服和住所等费用而争分夺秒，你可能会发现增强时间感（知道时间都去哪了）会比高薪让你更幸福。而且在任何情况下，一旦你闯入高收入阶层，高薪往往意味着工作不快乐、没乐趣。这是对我们现行制度的讽刺之一：追求高薪让我们更不幸，而不是更幸福。

我们为了赚更多的钱而工作更长时间，却没有意识到一旦我们的基本需求得到了满足，休闲时间就可以让我们更幸福，而不一定还需要更多的钱。如果你有时间可以放松却依然忙碌，问题就严重了。如果你认为每天的时间都不够用，并因此而经受着不必要的精神压力，那**你就大错特错了**。

追踪你的时间

从写日记开始，追踪你的活动，要诚实！如果你在推特上待了半小时，记下来。如果你在网上看了 20 分钟的鞋，也记下来。毕竟，除了你以外没有人会看到这本日记，你越是诚实，这个练习就越有帮助。

在你清楚地知道自己有多少时间用于工作，多少时间用于社交媒体，以及多少时间用于休闲之后，你就可以问自己一些重要问题了。例如，**我想在社交媒体或电子邮件上花多长时间？我想每天都锻炼吗？每顿饭应该吃多长时间？**请依据这些问题的答案为自己制订指导方针。

我用了三周时间写时间日记，以便清楚地了解自己的生活习惯。为此，我只是买了一个笔记本，再将我的一天分成半小时的组块。每隔几个小时，我就会写下所做的事情。三周后，我了解到自己每天用于电子邮件的时间约为 2.5 小时，阅读脸书的帖子和推文的时间有 2～3 小时，同时每周悠闲地网购 3 个多小时。

我只有大约 16 小时是醒着的，所以当发现自己每天超过 1/3 的时间是在网上做没什么意义的事时，我受到了不小的冲击。在候车室或火车上时，我并没有在阅读，而是在刷新 Instagram 的回复和给我朋友的帖子点赞。这不是我想要的生活方式，而且坦率地说，我甚至没意识到自己的时间竟是这样度过的。

制订时间表

我决定每天用于电子邮件和社交媒体的时间不超过 1.5 小

时。随后我将时间降低为 1 小时。为了达成这个目标，我必须彻底改变之前的习惯。于是我制订了两个理想的时间表，一个用于健身日，一个用于其他日子。我不出差的时候就是居家办公，所以周末对我来说意义不大。而你可能会觉得分别为工作日和周末制订时间表更实用。

我问自己，**怎样度过每一天才是最理想的**？我列出了每天想做的事情，再加上必须做的事情，然后将这些事情分到醒着的 16 个小时里，于是得到了以下的时间表：

健身日

07:00——起床/照看狗/穿衣服

07:30——遛狗

08:30——健身房

09:30——洗澡

09:45——冥想

10:00——电子邮件和社交媒体

10:30——写作/工作

12:30——午餐

13:00——散步

13:30——写作/工作

15:30——自由活动和冥想

17:30——遛狗

18:30——晚餐

19:30——自由活动

21:00——洗澡或自我护理

22:00——睡觉

非健身日

07:00——起床/照顾狗/穿衣服

07:30——遛狗

08:00——冥想

08:30——家务和琐事

09:30——电子邮件和社交媒体

10:00——写作

12:30——午餐

13:00——散步

13:30——写作

15:30——自由时间和冥想

17:30——遛狗

18:30——晚餐

19:30——自由活动

21:00——洗澡或自我护理

22:00——睡觉

这些时间表是**非常**灵活的。很多时候，我必须做访谈或约朋友，一天的时间表就会发生变化。纠结于我是否严格遵守时间表是没有意义的，因为我把时间表看作是帮助而不是限制，它们只是建议性的。如果某一天我在社交媒体上花费了 40 分钟而不是 30 分钟，我也不会担心恼火，我的狗也不总是一天有两次散步的机会（有时会有四次）。

显然，在我出差时时间表会有很大的变化。然而，我发现有些基本的活动是不变的。我几乎总能找到时间进行这里列出的活动，即使它们发生在相差很大的时间里。请记住，这是一个理想的时间表，而理想并不等于现实。

自从制订了时间表后，我每小时查看一次电子邮件，并将花费在社交媒体时间限制在每天一小时。有时候几小时过去了，我才意识到没有查看收件箱，这种情况在过去几年里是从未有过的。在周末，我经常在早上查看完电子邮件后就彻底把这事抛在脑后了。我甚至无法用语言描述那种自由和放松。我在手机上安装的一个应用程序会限制我使用手机。如果我开启了这个应用程序，然后试图解锁手机，它就会说："真的吗？！"，然后我就赶紧把手机放下了。

我把时间表打印出来并挂在办公室。在按照这些时间表生活几周后，我惊讶地发现自己竟然有足够的时间去做想做的一切，甚至还有几小时的富余。这一刻我深受震撼，真正意识到我的工作并没有失去控制或无法管理，一种安心感涌上心头。我竟然有足够的时间！

生活回归二：要社交，不要社交媒体

一个真正的朋友是我们能拥有的最大福气，也是我们最不屑于获得的。

——弗朗索瓦·德·拉罗什富科

（FranÇois de La Rochefoucult）

可悲的是，我在控制了日程表之后的欣喜是短暂的。在完成这项练习的几天后，我和几个朋友一起吃饭，而一见面每个人都开始谈论他们有多忙。这可能是他们谈论的第一件事。我说你好，很高兴见到你，你怎么样；回答则是“忙得要死，你都想象不到”。这句话之后，每个人就开始描述自己生活的种种。

我知道这么做不对，但还是加入了他们，详细梳理了自己的项目、预约和职责清单。我说没时间预约看牙，话说到一半就意识到这是在撒谎。我前段时间证明了有足够的时间，那为什么还说自己有多忙呢？

答案当然是同辈压力。我想证明自己和朋友们一样重要，想展示自己是被需要的，是群体的一部分，所以纠结于一些陈旧的习惯。所以戒掉效率成瘾的下一步就是停止与生活中的其他人进行比较。

停止进行比较

通过比较而不是客观衡量标准来评价我们自己和我们的生活是一个常见的错误。换句话说，我们努力使自己和朋友、同事一样忙，或者比他们更忙，而不是做出对自己最有利的决定。

这是有问题的，因为大多数人告诉别人的习惯和工作量并不完全真实可信。美国劳工部的数据显示，美国人倾向于将他们的工作时间夸大 10%，而且他们声称的工作时间越多，他们的实际工作时间就越不准确。例如，有人说每周工作 75 小时，实际上可能只有 50 小时。

这意味着你无法在比较游戏中获胜，因为人们会提出更高的要求。如果你不断地将自己与他人进行比较，你可能感觉自己很懒惰，不够努力。如果在比较中感觉良好的话，很有可能你与别人交谈时夸大了工作量。

还有一个有趣的小难题：因为已经减少了与邻居和朋友的当面交流，我们与之比较的人的生活往往与我们自己的生活相去甚远，这让判断更不准确了。

想象一下 1970 年在你家后院烧烤的情形。你的邻居过来，聊几句他们的新电视或洗碗机，也许还显摆一下他们的新跑车。在过去的几十年里，攀比的意思是跟上你周围社区的生活水平。这个社区的人大多与你的收入和生活水平相似。

自从我们放弃了烧烤、不再有时间与周围的人社交，我们也不再与邻居和同事比较。取而代之的是，我们用在电视或

Instagram 上看到的其他人来衡量自己。正如社会学家朱丽叶·斯格尔所解释的那样，我们现在比阔气的对象不再是左邻右舍，而是卡戴珊姐妹。

过去，人们渴望自己的经济水平更上一层楼。现在，我们努力效仿的是那些身居顶楼、收入最高的 20%的人，因为那些是经常在电视上看到的家庭、在网上看到的照片、在脸书上弹出的视频。世界各地的许多人现在对真人秀明星或名人的日常生活比对住在同一街区的邻居的生活更了解。事实上，你看的电视越多，你高估他人收入和财产的可能性就越大。

当前，美国人认为年收入大约 250 万美元才算得上富人。这个金额是美国官方认定高收入者所需实际金额的 30 倍，也是美国家庭平均净资产的 30 倍。

将自己与国内最高收入者相比较，我们就感觉自己是穷人，有必要更努力地工作，投入更多的时间，徒劳地期望自己过上他人的生活。科学家们一再表明，当要求人们将自己的生活与他人的生活进行比较时，人们会立即想到名人、首席执行官和政治领导人。名人的生活方式是公开宣传的，所以我们能不断地看到。他们的生活方式已经成为我们的标杆。但我们中只有极少数人能够达到这个基准。因此，这种比较让我们感觉自己是失败者。

公平地说，人类强迫自己与他人进行比较是根深蒂固的，而且也并非毫无帮助。这只是进化过程中需要融入群体成为局内人的附带结果。

如果你害怕攀爬一座陡峭的山，但你的朋友已经摇摇晃晃地爬上了山坡，将你的恐惧与他们的勇敢相比较可能会给你带来激励。如果你的同事都在午休时间慢跑，你可能会加入他们。如果你和一个饮食均衡的人住在一起，用他们的食物选择来衡量你自己的用餐标准，可能会产生积极的影响。然而，这些比较是你根据那些看得见摸得着的人的真实信息进行的。这些比较是基于你自己社区的成员真正在做什么，而不是基于遥远的其他人**似乎**在做什么。

因此，进行比较的冲动不一定是坏事，除非我们对他人的看法不够准确。当代社交媒体歪曲了我们对他人生活的看法，这使得任何比较都存在疑问和风险。大多数人认为他们朋友的社交生活比实际情况更加丰富多彩、妙趣横生。2017 年发表在《人格与社会心理学杂志》（*Journal of Personality and Social Psychology*）上的一项研究就证明了这一点。

研究人员发现，许多人会想象同龄人经常和朋友一起出去玩，认为朋友常去参加聚会，而且一般都有很强的社交能力，而自己大多数晚上都待在家里。但实际数据表明，我们的同龄人并不像我们所认为的那样善于社交。

我们经常听说，我们在推特或色拉布（Snapchat，一款“阅后即焚”照片分享应用）上看到的生活是朋友们精心策划、严格编辑过的版本。它不是真实的，因为它不完整。然而，在潜意识里，我们仍然用那张不准确的照片作为比较的基础。

当把自己与想象中的朋友和同事的社交生活进行比较时，我们会认为自己比一般人的社交能力更差、更孤立，因而压抑了幸福感和归属感。2017 年的上述研究报告指出："社会比较会与自卑、嫉妒、焦虑和抑郁等感觉联系在一起。"

总而言之，这衍生出了两种无以为继的理想：一种基于名人和公众人物的生活，另一种基于扭曲的现实、错误的假设及对熟人的误解。努力实现这些不可能的理想引发了广泛的完美主义危机，特别是在年轻人中。

研究表明，自 20 世纪 80 年代以来，完美主义在大学生群体中越发盛行。这是因为许多国家——特别是在美国、英国和加拿大——相当注重竞争性个人主义。现在，20 多岁的人对自己的要求比以往任何时候都高，对别人的要求也更高。他们崇尚完美，对错误的宽容度远远低于上一代人。

学生们会删除那些每分钟连一个"赞"都得不到的社交媒体帖子。佐治亚州南方大学的贾里德·耶茨·塞克斯顿说，他的学生在写论文时"痴迷于创造出一个完美的工艺品"。他和其他老师则想出了"糟糕的第一稿"的应对办法。

这个概念是由作家安妮·拉莫特（Anne Lamott）在她的《关于写作：一只鸟接着一只鸟》（*Bird by Bird*）一书中提出的。她写道："第一稿就像孩子的草稿，你只需要让它随意倾泻，让它嬉戏喧闹，因为你知道没有人会看到它，你可以随后再塑造它。"塞克斯顿说，他有时很难让学生们动笔写出任何东西，因为学生希望自己的作品能完美无缺，所以缩手缩脚。"他们中的许多人都想写出完美的文章，但是写作的时间还没有焦虑的时间多。"

这种完美主义是一个关注外在并不断进行比较的社会的副产品。你可能觉得自己做的晚餐还不错，然后你去刷了Instagram；或者你很喜欢某个电视节目，然后去刷了推特，发现有人声称只有白痴才会喜欢这个节目。《怪女孩出列：揭开女孩间的隐性攻击文化》（*Odd Girl Out: The Hidden Culture of Aggression in Girls*）一书的作者瑞秋·西蒙斯告诉我，完美主义的兴起是因为“家庭已经变成了市场的一部分”。

像 Pinterest 这样的社交媒体网站提供了源源不断的图片，使我们相信自己可以而且应该做得更好。西蒙斯说：“Pinterest 现在让人们觉得他们的床单没有想象的那么好，你的纸杯蛋糕与其他人的相比简直惨不忍睹。”西蒙斯解释说，如果我们坐在家里有片刻的闲暇时间，我们就会想，**也许我可以做一些新窗帘**。

正是这种比较——特别是与远方的人的比较——使我们感到不如意。我和西蒙斯都不感到惊讶，现在的青少年要做到完美，因而承受了比以往任何时候都更大的压力。虽然说不感到惊讶，但这种不断攀升的完美主义浪潮却是极其危险的。

这种自我施加的压力让人类的身心付出了巨大的代价。不合理的高标准和严重的自我批评与高血压、抑郁症、饮食失调和自杀倾向都有关联。治疗师会告诉你，你不可能既追求完美又拥有良好的心理健康，它们是相互排斥的。

虽然正相关不是因果关系，但需要注意的是，自 1999 年以来，年轻人的自杀率上升了 56%。宾夕法尼亚州的一位教师将自杀事件的增多与标准化考试的推广联系起来。史蒂芬·辛格

（Steven Singer）在《赫芬顿邮报》上写道：“考试分数而非课堂成绩或其他学术指标逐渐成为划分和评价美国学生的参考依据。学生不再是六年级、七年级或八年级，而是基础以下、基础、精通和高等。他们被分配的班级、教学风格，甚至个人奖励和惩罚都仅由一个分数决定。”

请记住，标准化考试被视为一种跟踪学习进度和追究学校责任的高度有效手段。标准化考试其实是一个机构化的比较系统，用以明确平均水平和定义何谓“正常”。

完美主义似乎兴起于 40 多年前，这意味着许多年轻有为的成功者现在已经为人父母，并在不知不觉中把这种完美主义传给了他们的孩子。瑞秋·西蒙斯对我说：“我们的下一代能够感受到我们对他们的焦虑和不满。为什么我的孩子不愿意制作东西？为什么我的女儿没有很多朋友？只有在我们向他们传递这些信息时，他们才会意识到自己有什么不妥。”父母可能认为他们是在帮助孩子取得成功，敦促他们成为班级里的尖子生，凡事争第一，但这么做实际上营造了一种“背水一战”的高压氛围。

我想知道完美主义问题有多严重，西蒙斯回答说：“我有点讨厌作为家长的自己，而我是个育儿专家。那么这说明了什么呢？”父母特别容易担忧自己做得不够好。这不是什么新现象，但衡量什么是“足够”的标准已经比几十年前明显提高了很多。

这就是不健康的比较所带来的危害。当用不现实的或扭曲的理想来衡量自己并努力达成目标，我们可能会遭受实打实的心理伤害。我想起了西西弗斯的故事，他总是努力将一块巨石滚上山顶，但从未到达山顶，也从未停下来休息。如果他认为自己是朋友中唯一一个不能把那块该死的石头滚上山的人，那对他来说会有多糟糕？

我们可以结束这种不断比较的有害习惯。停止在互联网上查看其他人是如何做事的。如果你想做纸杯蛋糕，就找个食谱来做。不要在 Pinterest 上搜索“纸杯蛋糕终极食谱”，不要购买特殊工具来做完美装饰，然后把这些工具忘在某个抽屉里，因为比较之后你已经再无兴致亲自动手做纸杯蛋糕。

烹饪可能是有害比较的一个重灾区，从喜欢给饭菜拍照并发帖的人数就可见一斑。著名厨师爱德华・李（Edward Lee）告诉我，他之所以没有在他最新的烹饪书中加入任何照片，是因为他不希望读者被那些专业拍摄的菜肴照片束缚了手脚。有些人告诉他，他们试了他的食谱，但却很失望，因为做出来的菜肴看起来很糟糕。这时他会问他们：“但它味道好吗？味道好才是最重要的。”

这应该是大多数事情的新衡量标准：它好吗？不要想它在照片上的样子，问你自己是否喜欢它？它有用吗？与其担心你在办公室工作的时间没有别人长，不如专注于你完成了什么任务及完成得怎么样。不要看你朋友的度假照片，并将其与你自己的照片并列展示。相反，问问他们是否享受假期。

将自己与他人进行比较是很自然的，这可以成为灵感的来源。正如我所提到的，只要是现实的比较就可以激发积极性。厨师爱德华・李的佳肴是由专家精心策划和处理，并由专业人士拍摄的。你做的饭菜可能不像烹饪书中的照片那样精美；你的自拍不像吉吉·哈迪德（Gigi Hadid）的自拍那样好看；你的家也不应该像金·卡戴珊（Kim Kardashian）的家那样豪华。

如果你非要拿自己与别人比较，那就将目光放在你的朋友、家人和邻居身上。请原谅我引用 TLC（美国 20 世纪 90 年代著名女子乐队）的歌词，“还是沿着熟悉的河流湖泊前行”。

请你把控你的时间、环顾四周而不是抬头仰望这种要求也许有些天真，但简单的行为也可能引发一场革命。归根结底，这关乎拿回你的时间，关乎你抓稳缰绳而不是由马匹去引领你。控制你的生活从这些基本的练习开始。首先，走下让你筋疲力尽、走投无路的跑步机，这是简单而有力的一步。

生活回归三：离开办公桌

20世纪将不得不重新进行战斗，而且是在全球范围内。

——大卫·西蒙（David Simon）

在亚特兰大主持过一个日常广播节目期间，我经常告诉员工，让他们回家去。我为制作人写了一本手册，其中包括以下建议："不要工作了一整天，然后回到家里，龟缩在沙发上，吃着速冻晚餐。可靠研究表明，强迫自己走出去和朋友一起逛酒吧、吃晚饭、看电影、寒暄和社交，可以帮你排解压力、提高效率。培养一个爱好吧。"手册还建议他们离开办公楼去吃午饭，每隔半小时左右就去休息。

让员工听从这个建议几乎是不可能完成的任务。即使他们的老板走到他们的办公桌前，告诉他们站起来到外面去，甚至命令他们马上回家，他们仍然选择了继续长时间工作。

其他公司的首席执行官和高管也反映了同样的事情：他们告诉员工不要加班，不要在周末回复电子邮件，但员工们还是继续这样做。我不知道那些首席执行官是否完全诚实，但我保证跟员工们明确了工作时间。如果你不相信，可以问他们。由此可见，优秀的员工和优秀的人应当长时间工作的这种观念有多么根深蒂固。

现在是时候按时上下班了，不要再一直待在办公桌前了。

很明显，这只适用于那些在日程安排上有一定灵活性的人。如果你是计时工，需要赚取每一分钱来维持生计，那么减少工作就是不可能的。可悲的是，在工业化世界里有太多的人处于这种情况。

在目前的制度下，由于盲目遵循企业文化中的各项声明，美国的收入不平等现象非常严重，全职工作不足以养活两个人，更不用说一个家庭。《像我们一样疯狂：美式心理疾病的全球化》（*Crazy Like Us: The Globalization of the American Psyche*）一书的作者伊森·沃特斯（Ethan Watters）写道："我们的经济（并非）由公平的理念所塑造的，真实情况恰恰相反。"企业价值观几乎已经占领了私人生活的所有领域。

2016 年，运输公司来福车（Lyft）发布了一份庆祝性的新闻稿，它们称之为"一个令人兴奋的来福车故事"。一位名叫玛丽的女司机在工作时临产，甚至在去医院的路上还接了位乘客。"幸运的是，这段行程并不长。"新闻稿补充说，还暗示了一些什么。

当我读到这个"可爱"的故事时，下巴都要惊掉了。公司办公室里的某个人竟然认为，它们的一个员工为了多赚几块钱，甚至甘心忍受如此巨大的压力和锥心之痛咬紧牙关继续开车，这样很"可爱"。但我确信，一直工作到她的孩子出生的那一刻，并不是玛丽的分娩计划的一部分。

我并没有和玛丽交谈过，她当然有可能没有特别痛苦，并对事情的结果感到高兴。我曾与许多热爱自己在来福车和优步（Uber）工作的司机交谈过。也许玛丽确实将那晚的事件视为一个可爱的故事，就像来福车一样。

但是这个故事不仅仅关乎玛丽，它反映了全世界对工作与生活平衡的态度。玛丽觉得不得不留在那辆车里再去接一位乘客的原因可能是多方面的。许多人加班加点工作是为了支付医疗费用、高额的租金或膨胀的汽车保险金。这些问题不是任何一个人可以自己解决的。因此，部分解决方案必须是政治性的。

许多工业化国家的现行制度都在迫使人们长时间工作。至少在美国，如果你从全职转为兼职，会失去很多。你的工作时间可能从 40 小时减少到 20 小时，但代价远远不止是你收入的一半。你通常会失去医疗保险和退休津贴，以及病假、长假和事假。员工会因工时减少而受到严厉的惩罚。如果不是为了满足企业对工作时间的需求，还会有其他原因吗？

我们将不得不重新评估政治优先事项，并决定一个成年人是否可以接受每周工作 60～80 小时。根据麻省理工学院的数据，我所在地区维持生活的工资是每小时 22 美元以上。餐馆员工、园艺师或销售人员的平均工资是这个数字的一半，而且他们一般没有病假或带薪休假。这是我们的邻居应该过的生活吗？那是**我们**想要的生活吗？如果要解决过度工作的社会弊病，我们的讨论就不能局限于此。

这本书的许多读者可能并没有陷此旋涡，至少在工作时间上有一定的灵活性，对是否要加班有一定的选择权。如果你每周在办公室的工作时间超过 40 小时，还要在晚上回复电子邮件，或者在周末写备忘录，那么你应该可以在没有任何广泛性政策变化或雇主允许的情况下减少工作时间。

如果你的目标是减少压力和增加快乐，多年的科学研究已经证明，与其用时间换钱，不如用钱换时间。来自美国、加拿大、丹麦和荷兰的研究数据表明“购买时间能够提高幸福感”。换句话说，付钱请人帮你洗衣服、修剪草坪、清洁汽车或房子是充分利用金钱的方式之一，即使因此买不了更大的电视或昂贵的假期。

购买时间会大幅提高生活的满意度，而感觉时间不足会导致睡眠不佳、焦虑、郁郁寡欢乃至肥胖，因为感觉自己太忙的人可能很少锻炼或吃得不好。

令人惊讶的是，在这种情况下有钱不一定是件好事，因为有了更多的钱就可以把空闲时间用来做一些最终会产生精神压力的事情，比如购物和通勤。如果头脑得不到休息，就更容易觉得时间紧迫。有报告指出，“仅仅诱导人们觉得他们的时间在经济上更有价值，人们就会觉得自己的时间不够用”。如果时间就是金钱，而金钱的数量上升时，我们更无法容忍浪费时间。

我知道，当你手头拮据的时候，听到有人说钱买不到幸福是很恼火的。然而，在收入达到一定水平之后，你用健康和幸福只能换取工资的小幅增长（延长工作时间通常会获得 6%～10%的工资增长）。一旦你达到一个可持续的收入水平，更多的钱并不会让你更快乐，但自由时间可以。

奋斗者的窘境

相信我，我不是想告诉你钱不重要。钱绝对重要，因为贫穷会带来各种负面影响。我一生中大部分时间都是靠工资生活的，就像大多数美国人一样。事实上，40%的美国人在不借钱的情况下无法承担 400 美元的紧急支出，而我也经历过那种精神压力，担心如果发生什么事，自己的生活就会陷入混乱。

我清楚记得，作为单亲妈妈为了养家糊口而同时打几份工，当攒够 1000 美元时有多么自豪。就在那周，我儿子和他的朋友正在公园玩耍，结果有人偷走了他的背包，而买新书包和里面的课本花了我 425 美元。我深受打击，所以本人非常理解那种总处于灾难边缘的疲惫感。

即使你已接近财务自由，你也可能像我一样选择加班加点，因为你相信这会进一步改善你的处境。你可能像我一样相信，无偿会受到关注和奖励。

但最终我的收入并没有因为在办公室加班加点而提高。我的好运不是来自任何懂得感恩的老板或经理。我的好运是让我的 TEDx 演讲引起了人们的注意。演讲是我的业余爱好，没有报酬。想象一下，如果我总是把业余时间花在自我提升和激发创造力上，而不是为公司多写一个故事，又会是怎样的结局。

如果你的目标是快乐，那么过长的工作时间可能会使你与财务自由的目标**背道而驰**。此外，如果你的目标是提高生产力，那么繁忙的日程安排实际上适得其反。

事实上，我们 100 多年前就知道这一点了。早在 20 世纪 20 年代，亨利·福特就注意到，当工人工作时间过长时，生产力就会下降，错误率就会激增。这就是福特规定每周工作五天，每天八小时的原因。他说："我们的工作制从六天变成五天再变回六天，在这个过程中我们发现用五天就可以获得不少于六天的产量。之前每天工作八小时为我们开辟了繁荣之路，现在每周工作五天将为我们开辟更宽阔的繁荣之路。"请记住，发明汽车的并不是福特，他最伟大的创新是提高效率，而且还发现长时间工作的效率是低下的。

在之后的一个世纪里，福特的结论一次又一次地被证明是正确的，这就是帕金森定律的明证：工作会扩展直到把时间用尽。因此，如果你知道你只有两小时来编写一个议程，研究表明这项任务将需要两小时；但如果你有四个小时的时间，同样的任务将突然需要两倍的时间来完成。诺斯古德·帕金森（Northcote Parkinson）写道："对这一事实的普遍认识在'最繁忙的人最得闲'这句谚语中得以体现。"

长时间的工作之所以无益，是因为人类的大脑并不适合长时间且不间断的工作。对福特公司生产流水线上的工人来说是这样，对今天的脑力劳动者来说更是如此。

1951 年，伊利诺伊理工学院的两个人对他们在科学和技术领域的近 200 名同事进行了跟踪调查。他们发现，那些工作时间最长的人生产力最低下。人们在实验室里工作的时间超过几十小时后，他们的劳动回报率就开始下降。事实上，那些每周投入 10～20 小时，或每天 2～5 小时的人群是生产力最高的。

尽管如此，我们的职场还是笃信长期不间断的劳动是高效的这一理念。200 多年来，我们一直努力让人类的身心如机器或计算机一样运行。你还记得约翰·亨利（John Henry）的传说故事吗？民间相传，曾经为奴的约翰·亨利是切萨皮克和俄亥俄铁路上最强壮和最高产的钢钻工，他曾把一座山挖穿用来铺设铁轨。

故事说，有一天，一个人带来了蒸汽钻头。根据传唱的歌谣，约翰·亨利回答说："硬汉虽说只是人，若要气钻胜过我，除非我死把锤扔。"后来我们知道，亨利确实打败了蒸汽钻头，但他随后也倒下了，力竭而亡。

对我来说，这就是工业革命的经典故事：一个人用死亡去证明他比机器更好。历史学家大多认为约翰·亨利的传说可能是根据真人事迹改编的。数百人在西弗吉尼亚州大弯隧道的挖掘过程中丧生，这里也是约翰·亨利历史公园的所在地。

蒸汽钻头、传送带或计算机可以无休止地工作，但人类需要定期休息。我们的心不是在恒定跳动，而是在有节奏地跃动。

在合适的工作环境中，人类的大脑可以实现不可思议的成就。越来越多的人意识到，理想的时间表兼有短时间内的集中工作和定期休息。研究表明，如果你不间断地工作 50～57 分钟，然后进行短暂的休息，就会完成更多的工作。而且，由于这种时间表更容易调动大脑的执行部分，因此工作可能更具洞察力和创造性。

调查表明，一个人能够集中精力的平均时间稍微短于 1 小时，但请记住，你是一个人，而不是一个平均值。你的个人理想值可能是 40 分钟也可能是 60 分钟，这一点必须由你自己去测试和发现了。

缩短工作时间的体验可能令人望而生畏，我自己也有过这种担忧。但我向你保证：已经有人做出了尝试，并且结果超出预期。现实世界中已经有组织削减了员工的工作时间而生产力却没有降低。

还记得瑞典的那家医院吗？在那里，管理者大幅削减了护士和职工的工作时间。骨科诊室每人每天工作 6 小时，每周不超过 30 小时，这在医疗行业几乎是闻所未闻的。

医院的行政部门为了弥补削减的工时已经做好雇用额外员工的准备了，但他们惊讶地发现，并没有这个必要，因为生产力并没有降低。事实上，医院的执行董事告诉《纽约时报》："该诊室的手术量增加了 20%，增加了像髋关节置换等原本是其他医院进行的手术。"他说，那些曾经需要等待数月才能进行手术的病人，现在只需几周时间就可以进入手术室了。

当你可支配的时间较少时，就会不假思索地专注于手头的工作，而不管它是否相关，工作质量会随着分配时间的减少而提高，所以往往可以在 4 小时内完成比 5 小时更多的工作。

你可以像我一样自己做个测试。只需记下开始工作的时间，一次专注于一项任务，一旦你开始分心或烦躁时就停止工作，然后记下这个时间，并在未来几周里追踪你的工作时间。这个过程对我来说很有启发，而且几乎完美地验证了目前对人类注意力持续时间的研究结果。

我属于平均水平，因为我一次只能专注 3～4 小时。不过，强迫自己站起来走人是很困难的。我迫切地想继续下去，直到所有的事情都完成。有时，我得使出大力神般的力量才能把自己撬走，同时还得不断地对自己说，少花时间也能多干活。

平均而言，我每天最多只能专注 4 小时，每周需要休息一天，有时是两天。没有这些频繁的休息，我就更容易分心、焦虑和紧张。

我的工作效率高吗？我想是的，我工作时非常投入（我儿子会说过于投入了），有一个大学一年级的儿子；在不到三年的时间里写了两本书，同时每天还要主持一档广播新闻节目，并在世界各地进行 200 多场演讲。我有着非常活跃的社交生活，包括大量的烧烤、外出就餐及在公园散步。我想自己的工作效率已经是极致了。

你可能会想，维持专注工作的时间因人而异，而且差别很大。麻省理工学院讲师罗伯特·博森（Robert Pozen）建议在休息前工作 75～90 分钟。他告诉快公司网（FastCompany.com）："这就是你可以集中精力并完成大量工作的时间量。我们知道这一点，因为我们对专业音乐人进行了研究，他们进行这些时间量的练习时效率最高。这也是大多数大学课程的时间量。"

另一方面，其他实验表明，不间断工作的时间应该大大缩短。软件初创公司德鲁吉姆集团（Draugiem Group）追踪了其员工的工作时间，发现他们中效率最高的人，每工作 52 分钟就要休息 17 分钟，全天如此反复。在这项研究的报告中，研究人员说，工作时间被视为"短跑冲刺，得到了充分的休息才能成为效率最高的人”。正如我所提到的，我是这个群体的一分子，大约每隔 50 分钟就需要休息一下。

顺便说一下，你可以把这些时间分成组块，只要你一次做一件事就行。用 20 分钟处理电子邮件，给同事打 10 分钟电话，再在电子数据表格上工作 20 分钟，然后起身离开。

然而，在这个浮躁的时代，我们很少能够真正地集中精力。在一项实验中，研究人员对年轻音乐人的练习习惯进行了跟踪调查。这项研究多年前因马尔科姆·格拉德威尔而闻名于世，并成为其 1 万小时定律的理论基础，即在我们真正掌握某项技能之前，我们必须投入 1 万小时的练习。

我认为该研究最有趣的一个方面是，最好的学生倾向于将工作与休闲的时间均衡化。研究发起者认为，这些年轻人之所以有时间放松是因为他们参与了所谓的“刻苦活动”，或刻意练习。

心理学家安德斯·埃里克森（Anders Ericsson）说，刻意练习是指“全神贯注地从事某一项特殊活动以提高自己的表现”。这不是无意识地切菜或简单地在乐器上不停地弹奏音阶。相反，它是一种目标明确的工作，学生会高度留意自己的表现，他们做错了什么，又做对了什么，然后有针对性地加强训练，改善并克服弱点。正如研究报告所解释的那样，“许多曾经被认为反映先天天赋的特征实际上是 10 年以上高强度练习的结果”。

最好的学生不仅对他们在练习室投入的时间有高度精准的认识，而且同样能够确切地估算自己用于放松和社交的时间。他们会留意自己是如何利用时间的，然后用定期的休息来平衡专注的练习。练习和闲暇都是事先规划好的。

换句话说，如果平平无奇的音乐人能够让自己的大脑律动起来，让专注的工作与休息交替进行并持续多年，他们也能成就伟大。

可悲的是，大多数员工在工作时并没有办法让自己真正专注。我们经常在电话会议中查看电子邮件，浏览器上还开着八个网页。同时，一个朋友正在给我们发短信讲述着周末的计划，我们也在回复来自脸书的通知。商业心理学家托尼·克拉布（Tony Crabbe）在为 iNews 撰写的一篇文章中说道："我们很喜欢扮演超级任务忍者的感觉，用一个超高效的回旋击溃所有迎面而来的请求和信息。"

我们从一个任务轻快地切换到另一个任务的总体倾向是有据可查的。加州大学欧文分校的团队对一组员工进行了为期数周的跟踪调查，发现大多数人大约每三分钟就切换一次任务，导致有一半时间效率低下。例如，我们刚写了几分钟报告，然后突然决定上亚马逊搜索一些东西或购买电影票或快速给朋友发一封电子邮件。

我们以为这样切换任务很有效率，但这种效率是一种假象。一旦因为某种原因注意力被打断了，我们平均需要 23 分钟才能恢复全神贯注的状态。

此外，我们每次从电子数据表格切换到收件箱，再到 eBay，最后再切换回来，都要付出认知上的"切换成本"。从一件事切换到下一件事可能只需要不到一秒钟时间，但最终这一切加起来会损失大量时间。

让我们来盘算一下：假设你一天中有五个小时是在电脑前工作的，如果每三分钟切换一次活动，那总共就是 100 次中断，每次都会损失一秒钟左右。最后算下来，你会因为这些切换成本而损失高达 40%的工作时间。更重要的是，频繁切换时你更容易犯错，大脑在不断地从一件事跳到另一件事时是无法达到最佳工作状态的。

这一切表明，创造一个我们能够真正专注的环境将有助于用更短的时间完成工作。虽然大家很看重在工作上投入大量时间，但没有证据表明工作时间长会提高工作质量或完成更多工作量。事实上，波士顿大学的一位教授经研究发现，经理们无法区分哪些人每周实际工作 80 小时，哪些人在假装工作。他们的生产力没有显而易见的区别。

历史学教授纳尔逊·利希滕斯坦（Nelson Lichtenstein）告诉我："你无法奖励那些你无法衡量的东西。"这可能就是高管们如此关注工作时间的原因。几十年来，企业界一直执着于各项指标。管理者喜欢那些有形的衡量标准，他们可以依此来判定成功或失败。工作时间是衡量员工表现最简单的方法之一，但总工作时间却是一个毫无意义的统计数字。事实上，虽然目标设定很有帮助，但为员工制订绩效指标往往会适得其反。

指标自然有其用武之地，甚至还可以是启发性的，但如果过度使用，甚至用来衡量像创新这样无法衡量的要素，指标就会变成破坏性的。努力达成数字目标对人的头脑来说也不是特别有鼓舞性，因此指标并不能鼓励创造性思维。调查显示，30%的脑力劳动者声称他们在工作时完全不思考，近 60%的人说他们每天只思考不到半小时。可以说，这丝毫没有起到精神激励作用。

通过记录工作时间来证明自己的价值不仅是愚蠢的，还会扼杀生产力，严重时甚至会危害你的健康，起身离开吧。

生活回归四：用心休闲

我们工作是为了拥有休闲，而幸福取决于此。

——亚里士多德（Aristotle）

一旦意识到生活是以职场为蓝本塑造的，我就特别灰心丧气，举目四望，到处都是企业所看重的效率的影子。

我开始查看时间去哪儿了，减少工作时间，但要想解放自己，很明显这些远远不够。破除束缚、在工作和家庭之间建立明确的界限需要持续不断的努力。我就像一棵生长在铁丝网旁边的树，长了几十年之后，树根、枝条与铁丝网盘根交错，现在想要分离，需要温柔的手法和足够的耐心。

对我来说，下一步要处理的是多任务成瘾。不仅仅是处理，还是终结。试图同时做七件事而非利用大脑在专注和休息之间的自然律动是对充沛脑力的浪费。我的工作生活结构包括在电脑前或在会议中度过的几个小时，然后把剩余时间用于从一个任务切换到另一个任务。这种结构是反人脑的，必须把它废除。

如果你将手机静音，关闭收件箱，真正专注于完成一份报告，研究表明你完成的速度会快 40%，错误会更少，并且有足够的时间下楼转一转，放松大脑。

定期休息是非常重要的，不能靠机缘巧合或心血来潮。我发现必须像安排瑜伽课或商务会议那样来安排休闲时间。

休息有两种方式：休闲和休假，或空闲时间。空闲时间不是真正的休息。塞巴斯蒂安·德·格拉齐亚（Sebastian de Grazia）在1962年出版的《关于时间、工作和休闲》（*Of Time, Work, and Leisure*）一书中解释过，我们所说的“空闲时间”是我们在工作与工作之间找到的几分钟或几小时，其与工作是密不可分的，是一个充电的过程，让我们能够精神焕发地重新回到工作中去。

但另一方面，休闲是与工作分开的，理应是不受工作打扰的。也就是说，在这段时间里，你不用去查看电子邮件或接听工作电话，也无须担心影响工作生活。休闲的目的是为了让你享受努力工作的成果。

无论你专注于工作多长时间，该起身休息时，你就得让大脑真的去休息。不要发短信或上网购物，不要把思绪放在任何事务上。工作间的休息时间有益于头脑健康，可以使大脑的神经系统处于超常活跃饱满的状态。如果不给大脑分配特定的任务，大脑会激活“默认模式网络”（default mode network）。

默认模式网络，简称 DMN，会在思绪漫游时变得活跃。当 DMN 被激活时，它会对我们的记忆进行处理，把过去的事件置于可比较的背景中，并对已经发生的事情进行道德评价。它还可以畅想未来，尝试理解他人的情绪，并反省自己的情绪和决定。默认模式网络对于同理心、自我反省和想象他人可能在思考什么的心理理论至关重要。

让大脑切换到默认模式是获得幸福感的关键，这是创造力和创新力的主要来源，大脑在没有收到解决问题或完成任务的指令时就会主动重新组合记忆和情绪的拼图。

在实践中，只有在你允许大脑毫无目的地漫游时，它才会切换到默认模式。这并不意味着无所事事，你可以在这段时间里慢跑或擦拭工位。

心理学家阿曼达・康林（Amanda Conlin）和拉丽莎・巴伯（Larissa Barber）警告说，我们经常在工作时间错误地利用休息时间。她们在《今日心理学》（*Psychology Today*）中写道："有效休息的一个关键组成部分是心理上的超脱，从工作思路中脱离出来。通过转移注意力，摆脱有助于我们直接减少导致疲劳的工作要求，并自然而然地恢复健康。"

如果你决定在工作之余给爱人或朋友打电话，请抵挡住谈论工作的诱惑。享受纯粹的休息。当然，不要走进办公室的茶水间，又和同事聊 15 分钟的工作。深呼吸，按下暂停键。媒体策略师斯图・洛瑟（Stu Loeser）的一条推文很有趣，他说"我乘坐阿西乐（Acela）特快列车时，旁边有人将双手放在大腿上，安静地望着窗外，没有拿出笔记本电脑，没有拿出平板电脑，没有拿出手机，只是平静地看着那些向后远去的世界，就像一个精神病患者那样。"我对斯图的回答是："我有时就是那个精神病患者。"

在你不工作时，你不仅可以享受休假，还可以享受真正的休闲。你可以完全超脱于对工作的关注，而且你应该努力实现彻底分离。我知道我们总觉得有必要及时回复电子邮件和短信，但这种习惯对你的身心来说是异常艰难的。

研究表明，那些在家时对工作漠不关心的员工拥有更健康的情绪、更高的睡眠质量和更高的生活满意度。

在我推荐的所有改变中，我认为这个是最容易实现的。我只是要求你别紧张、放轻松，并且把这件事写到你每日的时间表里。正如经济学家约瑟夫·斯蒂格利茨（Joseph Stiglitz）所说，我们要“通过享受休闲”学会如何享受休闲。

每天留出一个组块的时间，不做任何生产性的事情。出去走走，不必有目的地，也不必担心要走多少步。到外面去。与他人一起在大自然中散步可以降低精神压力，减轻抑郁症的症状，所以找一个公园散步吧。

我经常把手机调到请勿打扰模式，每次几个小时，只允许朋友和家人的电话和短信进来。工作电话也可以再等一等。我甚至开始每周留出一天作为“不可触碰日”，这一天我不看电子邮件收件箱、不刷社交媒体、不受任何干扰。

每周一我都不查看社交媒体或电子邮件或短信。如果有人打电话来我就会接，但几乎没人给我打电话。开始这种实践以来，我已经越来越善于排除干扰，将这一天用于写作和其他需要专注的任务。但是我不得不承认，最初的几周时间还是挺艰难的。

在我的第一个不可触碰日，我查看的电子邮件超过 14 次。有两次，我甚至没有意识到自己在查看邮件，直到有人给我发了一封邮件说：“今天不是你的无邮件日吗？”我才意识到电子邮件在我的生活中竟然占据了这么重要的位置。

尽管我已经关闭了手机上几乎所有应用程序的通知，但每次我看手机屏幕的时候，还是会瞄一眼信封图标旁边的未读邮件的数字。此外，我的浏览器启动页面中就有电子邮件，所以收件箱会自动打开。

根据不同的研究，普通成年人每天回复电子邮件所用的时间为 2～6 个小时，其中至少有 1/3 是非紧急的。我可以想象，远远超过 1/3 的邮件既不重要又不具有时间敏感性。我可以花一整天引用研究和调查证明，归根结底的结论是：电子邮件扼杀了生产力。因此，如果我想在不可触碰日里真正地完成工作，就必须破除电子邮件成瘾。

但是，我发现自己不能孤立地处理这个问题。我还必须考虑其他人的期望。人们期望得到快速的回应，如今任何不能通过短信或电子邮件立即做出回应的事情都会引起担忧。根据南加州大学维特比工程学院的分析，大多数短信在收到后三分钟内就变成已读，而最常见的电子邮件回应时间是两分钟。

以下是我解决这些（大部分）问题的方法。第一，在星期天晚上，我最后一次查看我的电子邮件，并设置假期自动回复，内容是："周一我不回复电子邮件或短信，因为我在写作。如果有急事，请给我打电话。"顺便一提，已经将近一年了，从来没有人打过电话。

第二，我改变了我的电子邮件签名，管理回应时间的预期。现在，我所有的信息都不再以一句精辟的名言收尾，而是"我每天只查看 2～3 次电子邮件。如果有急事，请给我打电话。但它到底有多急呢？”随着时间的推移，我希望人们不再期待我能够立即回复，而是习惯于等待数小时甚至数天才能收到回复。

第三，我修改了手机的设置，再也看不到收件箱显示有多少未读邮件了，而且每周一我都把手机调到勿扰模式，只有电话能打进来。

结果呢？在我的某个不可触碰日，我在大脑烧焦之前写了4000 字。然后我做了一些烤饼，带我的狗散了一个小时步，还有时间看了一会儿奈飞，然后看书，最后在一个合理的时间睡着了。我睡得也很香。

我知道把脚从油门踏板上抬起来很可怕，但相信我，你会更享受这一过程的。你不需要一个特殊的应用程序或专家的指导去“破解你的休闲时间”。有时努力改善我们的所作所为反而会阻碍进步。在成为理想中的自己之前，先做自己吧。

当然不一定要去散步，这是我的选择，但你不一定也要这么做。你可以选择在关闭手机的情况下看一部电影或者坐在咖啡馆里读一本小说。玩一会儿拼图或填字游戏，检修你的汽车，或者只是洗个热水澡，听听音乐。在你的日程表上没有什么事情的时候，就去做你喜欢做的任何事吧，只要不想工作的事情就好。

甚至有科学证据表明，看猫咪视频对你有好处。越来越多的证据暗示，真正不关注工作的高质量的休闲时间，最终会提高你在工作中的表现和你对工作的满意度。“生产力科学似乎是一个为懒惰辩护的有组织的阴谋。”德里克·汤普森（Derek Thompson）在《大西洋月刊》上写道。他称关于休闲、度假和可爱动物视频的研究结果“几乎好得令人难以置信”。

如果工作为你带来一种使命感，工作对你来说就是必要而充实的，但工作并不是你存在的理由。请记住，从生物学和进化论来讲，我们并不是“为工作而生”的。

然而，我们需要与他人交往并与朋友和家人形成亲密联系。工作是用来获得其他必需品的工具，而归属感是一种基本需求。这就是为什么为社交留出时间如此重要了。

生活回归五：建立真正的连接

> 单枪匹马，杯水车薪；同心一致，其利断金。
>
> ——海伦·凯勒（Helen Keller）

专注于自己，反思自己的需要，投资于自己的未来，这些都很重要。而同样重要的是投入时间强化你的社区。

如果你每天晚上有一两个小时用于社交媒体，那就从中拿出一些时间找人喝杯咖啡或参加一场音乐会。也许你觉得自己没有时间或精力这样做，但这可能只是因为你浪费时间上网而不自知。如果你每天只有两小时的社交精力，你既可以把这些时间用于在脸书上与人争论，也可以与朋友出去玩。

不要把这些面对面的会面视作浪费时间，这其实是对时间的充分利用。有时候人们甚至把社交不足与囊中羞涩联系在一起。当你感到快乐时，你更愿意与其他人建立积极的联系，而这些联系可以增加你的收入。不太孤独的人往往有着更高的收入。

社会心理学家吉利安·桑德斯罗姆（Gillian Sandstrom）是社交互动和对话方面的专家。她和伊丽莎白·邓恩（Elizabeth Dunn）在 2014 年做了一个实验，发现许多人因为匆忙，经常避免与杂货店店员和咖啡师聊天。然而，如果我们用一分钟时间来发起这些谈话就会带来很多好处。桑德斯罗姆和邓恩写道："在目前的研究中，与咖啡师有社交互动的人（比如微笑、眼神交流、简短的交谈）比那些尽可能高效的人体验到了更多的积极影响。”这就是为什么她们最终将报告的标题定为“效率被高估了吗？”

不过，现在人们却坚持抑制聊天的冲动，其中缘由我也不清楚。在我去英国旅行期间，我和桑德斯罗姆博士相处了几天，我想弄清楚为什么我们会逃避我们迫切需要的社交互动。桑德斯罗姆也在探求这个问题的答案，并认为可能是恐惧和焦虑阻碍了人们抛出橄榄枝。因此，她正在进行一项实验，希望能够训练人们与陌生人交谈，提高他们对社交互动的舒适度。

在这个实验中，研究被试每天通过一个专门的移动应用程序接收任务信息，引导他们赞美某人的毛衣或与戴眼镜的人交谈，并要求被试在一周内至少与四个陌生人交谈。

我旁听了该实验的培训课程，并问在场的被试是否觉得一周内与四个陌生人交谈会有困难。大多数人（超过我询问人数的80%）的回答是肯定的。然而，我后来又问了几个已经做完实验的人，他们觉得很有趣、很容易。一个名叫安布尔·布拉德（Amber Brad）的学生说，当她发现她必须与人当面交谈而不是发短信时略感失望，但最后却很开心。她告诉我：“你不能通过短信真切地表达情感，那样可能会被误解。”

另一位学生唐纳·珀金斯（Donnell Perkins）也同意她的观点：“短信不是真正的交谈，交谈中会出现很多情绪。交谈越久，我的情绪就越积极，我甚至努力将这些谈话延续下去，因为我真的很享受这个过程。”年轻人的这些看法让我惊讶，因为75%的千禧一代宁愿拥有一部只能发短信的手机，也不愿拥有一部只能打电话的手机。

很多已经完成桑德斯罗姆博士实验的人也表达了相同的感想。这些结果与研究人员在全球各地的实验中发现的大致相同。通常来讲，人们讨厌与人面对面或通过电话交谈，但当他们被迫这样做时却又很享受。这就是为什么强迫自己做这件事如此重要了。

不幸的是，我们的生活变得愈发不适合社交互动了。我们的汽车可以提供狭小的生活空间，我们的电话让我们可以与他人保持距离，甚至我们的家也成为我们可以龟缩其中的泡沫。在过去的几十年里，土地面积与房屋面积的比例已经下降，人们有了更多的室内空间，不愿意再待在户外。

埃塞克斯大学的一名工作人员告诉我，受到这个游戏性实验的鼓舞，她终于与她的一些邻居说话了。曼迪·福克斯（Mandy Fox）是人力资源部门的一名项目主管，她告诉我曾经看到过她所在街道上的几个人在侍弄花草或者遛狗，但她从未与他们说过话。“这个游戏给我一个打招呼的借口，之后我和他们中的几个人简短地聊了几句，包括我女儿学校的门卫。我见过他几十次，就站在离他几英尺远的地方，没说过一句话。因为实验我和他聊了几句，现在我每次见到他都会聊上一会儿。”

如果许多人真的需要一个借口才能与陌生人或者邻居交谈，你们完全可以把我当成借口。告诉他们有人要求你每天与某人交谈，如果这有帮助的话。与同事和出租车司机聊天吧。你可能畏惧闲聊，但一项又一项的研究表明，这些交谈使你更健康、更快乐、更放松。真实社交互动的益处是即时和原始的。留出一些时间与朋友聊聊，或者在外出时与陌生人进行接触。

在这个时代，其他人不太可能在电梯或地铁上向你发起交谈，所以你要采取主动，说句早上好。行为学家尼古拉斯•埃普利（Nicholas Epley）说，少有人主动挥手，但几乎所有人都会挥手回应。

从社交偶遇中获取利益是人类与生俱来的能力，当我们在街上与陌生人擦身而过时，像一个微笑、一个点头或一个挥手这种小动作就能改善我们的情绪和心理健康，就能增强你的社区感。电梯上别人简短的问候可以让你觉得自己属于这里。

这些简短的互动当然不能取代长久的关系，也不会真正满足你对归属感的需求，但它们不仅会让你感觉心平气和，还会鼓励你去寻找知己或者更多地陪伴你的密友。

如果你从阅读本书中只得到一项收获，我希望你能明白，人类在社交时才能处于最佳状态，人类的头脑在与他人的头脑建立联系时才能发挥最出色。这可能不是最有效的生活方式，但可能是最幸福的。

你可以加入一个俱乐部、参加图书馆或书店的读书分享会、报名当地公园的集体徒步旅行。成为保龄球联盟或扶轮社的会员可能听起来很老套，但这种类型的社交网络实际上可以拯救你的生命。我的儿子每周六都会和他的朋友在当地的游戏咖啡馆玩复杂的桌游。

与你的表亲打牌可能看起来很傻，与一个老同学聊八卦可能看起来很轻浮，但经常参加社交活动可以像戒烟一样延续你的生命。逃避社交接触会加重我们的病痛，而寻求社交接触则会使我们更加健康。就这么简单。

进行团队合作

因为与其他人类协作是人类与生俱来的强大能力，所以下一个你应该做出的改变就是尽可能地进行团队合作。也许消除我们现代人对生产力和高效率的迷恋最有效的解决方案就是利用人类的集体意识/蜂巢思维（hive mind）。用鲁德亚德·吉卜林（Rudyard Kipling）的话说就是“狼群的优势在于狼，而狼的优势在于狼群”。做一匹“孤狼”听起来可能很酷，但真正的“孤狼”却生存不了多久。

进化让我们学会站在群体和他人的角度思考问题。对不同行业几十年来的数据分析表明，即使是最有经验的专家，如果能结合知识没那么渊博的人的建议，将可能获得更优秀的结论。

新点子往往是单独想到的，因为人们在安静的环境中能够集中注意力。但是评估这些想法并选择最佳的前进道路应该是一项团体活动。一项又一项的研究表明，从数学计算到语言问题再到商业决策等一系列任务中，群体的表现都优于个人。三至五名学生组成的小组的表现经常胜过最聪明的个人，而且他们更不容易犯错。

奇怪的是，我们在工作时往往做着相反的事。为了别出心裁，我们召开头脑风暴会议，然后回到办公室，决定哪种想法最适合我们的需要。这种做法应该被翻转过来。独自头脑风暴，小组评估分析。一个很好的经验法则是，允许不同小组独立做出决定将胜过最昂贵的顾问。

我们经常决定单独做决定，因为我们觉得这样做更加高效。“委员会设计”是一种常见的侮辱，用来描述一个项目有缺陷和没创见，因为它包含了太多的人的意见和建议。大多数人都有过这样的经历：在工作会议上，同事们否决了好的想法，在无意义的细节上争论不休，然后一味地支持最安全的方案。

然而，这些情景中的错误并不是从收集众人的意见，而是试图在最小的冲突中达成共识。共识是舒适的和避免争论的，但舒适却是创新的敌人。

认知的多样性让很多人感到惊惶不安，因为它几乎总是带来不同的意见，但它对于创造性地解决问题和准确性却是必不可少的。我们**智人**的大脑就是这样反应和发挥的。

我们一次又一次地看到，一个基于组织内所有员工民意调查的决策优于依靠一位首席执行官或一个执行团队的判断。詹姆斯·索罗维基（James Surowiecki）在他的《群体智慧》（*The Wisdom of Crowds*）一书中说：“无论一个专家有多么消息灵通和见多识广，他的建议和预测也应该与其他人的建议和预测汇集在一起才是最优解。在面对复杂性和不确定性时，你给予一个人的权力越大，就越有可能得到错误的决定。”

不过，大多数企业并没有准备收集所有员工的意见，那么在实践中是怎样的情况呢？比方说，你正在选择年会的场地。你要求你的团队成员发送他们的想法，这样他们的建议都是独立提出的。然后你把这些想法收集起来，进行筛选。研究表明，对所有人做的民意调查有助于你做出最佳的决定。群发一封邮件请大家投票，这将增加你做出最佳决定的机会。

最重要的是，一个大型的、独立的、多样化的群体所提供答案的平均值往往会比一个聪明人或一小群聪明人所得出的答案更准确。在我们注重个人成就，有时甚至是崇拜史蒂夫·乔布斯或埃隆·马斯克等魅力人物的文化中，这个建议似乎有悖于常理，但它其实是得到了各行各业几十年的证据支持的。

我知道单独工作感觉更加高效，但这本书的意义在于鼓励你向效率提出更多疑问。你目前的工作流程真的能节省时间吗，还是说你是凭空想象的？你所希望的是节省那么一点时间，还是做出最好的表现、找到最好的解决方案、过最好的生活？

我们必须要问这些问题，这样我们才能清楚地阐明我们的目标，而不是盲目地投身于那些承诺改善却没有讲明具体如何改善我们生活的策略和工具。让我们坦诚些吧，我不确定大多数人是否曾经停下脚步认真考虑过我们更大的目标是什么。也许根本没有这个时间。

一次善行

这个世界可以很残酷，所以你可能会惊讶地发现，科学已经一次又一次地证明，人类大部分是友善的。我们绝大多数人的直觉是友善的，如果可以选择善待他人或欺凌他人，我们通常会选择前者。友善是人性和自然的。

而当我们过度思考问题，被自己的想法、自己的问题所困扰时，才是最不友善的时候。当前自我陶醉已成为一个全球性的现象，有意打破这种模式并重新建立习惯性的友善是很有益的。

因此，如果你真的想摆脱对效率的迷恋，就随机地实施善行。我这么说并不是因为我认为这么做是道德的或美好的（它确实是）。我告诉你这么做是因为多年的研究证明与人为善则与己为善。正如心理治疗师和耶稣会传教士安东尼·德·梅洛（Anthony de Mello）写道："慈善实际上利他主义伪装下的利己主义。"

人类在善待彼此时会获得生理性的激励，我们的身体会获得奖励。无私的行为会触发内啡肽（endorphin）的释放，这种神经递质具有镇痛作用，甚至产生一种愉悦感。利他主义可以像剧烈运动般让人兴高采烈，这种效果有时被称为"助人为乐的快感"。

对人友善可能也有益于身体健康，因为经常做志愿者的人往往活得更久、更健康。然而这一发现可能受到很多变量的影响，所以无法知道这种联系的确切性质。也有可能是那些做志愿者的人更加乐观积极或不太可能参与像吸烟这样的危险行为。尽管如此，利他主义和身体健康之间还是存在着一种我们暂且无法理解的联系。

另一个重要的益处，特别是对于那些有紧迫感和忙碌感的人来说，关注他人的需求有助于将你的注意力从自己苦闷的生活中转移出来。只要你为他人所做的事情没有困难或耗费时间到成为负担，那么随机行善就可以在压力时期起到治疗作用。

友善和幸福之间的联系并不新鲜。数百年来，它一直是文学作品和道德故事的主题，许多人每年都会看到查尔斯·狄更斯的斯克鲁奇故事再次上演。20 世纪 80 年代的一项研究表明，捐赠已故亲人器官的家庭没有那么难受和沮丧了。甚至那些患有慢性疼痛或癌症的人也发现他们在帮助别人后会更好受些。

在《国际行为医学杂志》的一篇文章中，作者斯蒂芬·G. 波斯特（Stephen G. Post）回顾了关于友善的科学研究并指出了其与进化的联系。波斯特写道："人类学家发现，早期的平等主义社会（如布须曼人）实行制度化或'生态性利他主义'（ecological altruism），即帮助他人不是一种志愿行为，而是一种社会规范。也许处在当代技术性文化中的我们在各方面都是孤立的，并且已经远远地偏离了我们的利他主义倾向。"也许这就是我们日益孤立的生活的另一个负面效应。

友善当然对他人和社会有益，但我会让其他人为慷慨大方做伦理上的佐证。在这里，我关注的是对利他主义者的益处，而不是利他主义的好处。我认为每天一次小小的无私行为可以大大减少你的压力，增加你的幸福感。

当你在制订任务清单时，请添加一次善行，不论大小，最终你也许会看到这么做对你的压力水平和健康状况所产生的重大影响。顺便一提，你善待的人也更愿意善待他人。

想象一下：你开车去吃午餐，决定为排在你后面的人埋单。这意味着他们更有可能为排在他们后面的人埋单。这还意味着你们都在帮助彼此摆脱文化强加于个人的需求，并最终重新激发你们本能的（和友善的）人性。这可真是物超所值。

生活回归六：放眼未来

射有似乎君子，失诸正鹄，反求诸其身。

——孔子

去年的一天，我开车带儿子去看电影，一辆小车停在我们前面。后保险杠上贴着J.R.R.托尔金（J.R.R. Tolkien）的《指环王》（*Lord of the Rings*）书中的一句话："徘徊不一定就是迷失。"我的儿子看到了这句话，想了一会说："可见这句话写于很久之前了，因为人们不再徘徊了。我们现在有GPS。"

我当时以为他是在讲一句不合时宜的玩笑话，但现在回想起来，我意识到他说的字字都是事实：我们现在去任何地方都要以最快、最有效的方式抵达目的地。现在比以往任何时候都更容易明确我们的目标并迅速抵达。在许多方面，我们已经接受了目标导向的文化。徘徊，甚至迷路，都已经是过时的活动了。

我并不怀念那些不得不盯着街道地图集寻找朋友居住的小巷还要想办法去那里的日子，但我却很想知道，我们是否已经像沉迷于我们的智能手机一样沉迷于设定目标的过程？也许我们应该重新考虑如何选择我们的目标以及如何达成这些目标了。

目的，而不是手段

事实是，生产力是一个运转正常系统的副产品，而不是目标本身。问题不在于你是否有生产力，而在于你在生产什么。

我们对提高生产力和效率的渴望是值得怀疑的。提高永不停歇，这是好的一面。在《独立宣言》中提到，我们不一定会幸福，但我们有权“追求幸福”，这很能说明问题。我们始终在追寻，我们从未停止调整和编织我们的生活，让我们拥有更多的自由时间、更多的钱、更多的满足感。

不过，在某些情况下，我们对自己的方式方法不加区分。我们在当下做出决定，而不考虑这个决定最终会把我们带往何处。我们不给自己甜点和长假，因为我们相信这些小的决定会使我们更接近或者渐渐接近一个朦胧模糊的目标。如果我今晚用 30 分钟回复电子邮件，明天就会容易些，对吗？（你知道答案。）

在晚上回复电子邮件是达成目标的手段。它是一个可选择参与的活动，但它不是一个真正的目标。据我所知，没有人的生活目标是在 20 分钟内回复每一封邮件。因此，在你晚上 9 点拿起你的手机或平板电脑准备查看收件箱之前，扪心自问你的真正意图是什么。如果你选择在晚上和周末不工作，又可能发生什么？

事实是，不吃甜点只是一个手段性目标（means goal），就像每天铺床、早上 5 点起床或睡前回复电子邮件一样。所有这些活动都是**达成目的的手段**，都是为达成更有意义的目标——比如提高生活满意度或改善世界——的垫脚石。

手段性目标是具体的目标，比如一定的收入或职务，指向一个更宏大的、更伟大的目标。它们是实现意图和抱负的工具。

也许你认为更高的薪水会使你的生活更稳定、更幸福。也许你认为晋升会使你在办公室拥有更多的权力，使你能够创造出更好的产品，为社会做出更多的贡献。在这些情况下，你的最终目标是幸福和为世界所用，而不是更多的金钱和更多的权力。

你需要确保你的选择真的能帮助你如愿以偿地进步。晋升是否能给你带来你需要的权力？在你投入大量时间去追逐那个新职务之前，要确保那是值得的。

我们中的许多人沉迷于手段性目标，而完全忽略了更重要的、激励我们不遗余力的最终目标（end goal）：过上美好的生活。为什么要为一些可能对你没有帮助的事情而牺牲掉你的精神和身体健康，而且事实上，使你与你的最终目标渐行渐远？

最终目标是没有商量余地的。我们不会在最终目标上妥协，因为家庭幸福和体面生活是我们能接受的底线。而手段性目标是灵活的。如果你的家庭在得克萨斯州不能幸福，那就搬去加利福尼亚州。你家的位置是达成目的的一种手段。

比方说，你的最终目标是体验自然之美，丰富你的人生。所以你有了一个手段性目标，就是今年去参观大峡谷。有一个可以赢取免费旅行机会的比赛，你参加了 20 次，但你最终还是输了。不过这并不重要，因为你仍然可以去亚利桑那州。即使你不能，你仍然可以访问另一个美丽的地方，丰富你的精神世界。赢得比赛是一个手段性目标，但人们经常混淆手段和目的，并过分执着于手段。他们在比赛中失利后会想，**哦，我命中注定是去不了大峡谷了**。

最终目标往往提供了一个方向——向西走——而不是一个具体的目的地。你可能需要向南走一段路去加油或者吃饭，但随后你又回到了向西的路上。如果你想减肥，你的目标体重就是一个手段性目标。达到体重称上的某个数字并不是你的最终目标，或者说不应该是。

如果你真正想要的是更健康或更有体能，那么你也许就不会特别在意外在的东西。如果手段性目标是训练到有资格跑马拉松，那么最终目标也许就是活得更久，身体更强壮。

为了使我们更有效地达成目标，一些专家提供了设定目标的系统。例如，许多人推荐 SMART 系统，即优秀的目标应该是具体的（Specific）、可衡量的（Measurable）、可操作的（Actionable）、现实的（Realistic）和有明确截止期限的（Time-bound）。

这个系统很有用，但也有局限性，因为设定目标是一个多层次的任务。例如，在写这本书时，我设定的目标是每天写不少于750 个字。这是我达成“完成书稿”目标的手段。完成书稿是我达成“向人们传递我认为有帮助的信息”目标的手段。这也是达成我的最终目标之一“让世界变得更美好”的手段。

也许你注意到了，“让世界变得更美好”并不具体和可衡量，也没有明确的截止期限。它是一个最终目标，因此无法纳入SMART 系统，就像许多最终目标那样，但手段性目标却可以。《聪明人的个人发展》（*Personal Development for Smart People*）

一书的作者史蒂夫·帕弗利纳（Steve Pavlina）说："最终目标是作为理想去实现的，它们必须超越 SMART 这样系统的局限，原因之一是它们必须足够宽广辽阔，值得你终生追求。"正如我所说，最终目标往往是方向而不是目的地。它们通常不是你可以列入任务清单的项目。

专注于目的而不是手段是有帮助的，因为这样做可以引导我们找到问题的创造性解决方案（或者引导我们创造性地发现问题）。这样做还可以减少压力，因为这也是在接受失败和灵活性。

如果你没能达成一个手段性目标，通常有几十种其他方法可以达成你的首要目标。失败本身就是一种富有成效的排除法，可以帮助你达成更广泛的目标。托马斯·爱迪生有句名言：他从未失败过，只是"发现了 10000 种不能成功的方法"。

因此，你面临的挑战是阐明你的最终目标并知悉它们可能随着时间的推移而改变。你为什么要上大学？为了获得一个学位。但你为什么想要一个学位？为了获得一份好工作。但你为什么想要一份好工作？你可以试试丰田佐吉的"五个为什么"分析法。不断问自己为什么，直到你最终得出你的基本目标。

如果你并未明白你的最终目标，就很容易把时间浪费在一些你认为是有意义和有成效的，但实际上并不能帮助你进步的事情。我们如今得到的很多建议都在告诉我们要以硬性指标为目标，如拥有十万名粉丝或每天在健身房锻炼一个小时。在生活中甚至需要清单和通知来告诉我们要多喝水。

几十年来，人们一直说要专注于具体和可实现的目标。我不是要你舍弃这些目标，而是要确保这些目标能够引导你做更大、更好的事情。这么做能节省你的时间和金钱，并防止你做那些感觉很有成效但从长远来看却徒劳无功的事情。

事实上，我们有时在设定手段性目标时太随意了。我们读到一篇关于如何提高工作效率的文章，其中告诉我们所有成功的首席执行官都是早起的，所以我们发誓要每天早上五点起床。然后，当我们睡到七点时，就觉得自己是个失败者。也许有位同事推荐了原始人饮食法，我们就开始效仿，模糊地以为它会使我们更健康，直到忍不住吃了一些比萨。这种膝跳反应式的方法让我们尝试到了各种各样的策略，却没能让我们进行彻底的考虑或分析。

仓促地选择手段性目标会浪费大量的时间。你可以从另一个角度出发来解决这个问题。阐明你的最终目标，然后选择你相信的，可以使你更接近大目标的那些具体的、较小的目标。经常检查你的习惯是否确实在帮助你取得进步。如果没有，就不要再浪费时间了。抛弃这种习惯，尝试其他的东西。

认识到你所做的一切可能只是达成更大目标的手段。这些任务不是戒律，而是建议，是不稳定的、灵活的，是有商量余地的，是沙上线，而不是板上钉。如果你未能达成一个手段性目标，没有必要感到紧张或焦虑。再去寻找另一条通往最终目标的道路便是了。

以下是完整的解决方案清单，一切都是为了破除你对没有目的的效率和没有产出的生产力的沉迷。

1. 增强时间感。
2. 创建理想的时间表。
3. 停止远距离的比较。
4. 减少工作时间。
5. 安排休闲时间。
6. 安排社交时间。
7. 进行团队合作。
8. 勿以善小而不为。
9. 专注于目的，而不是手段。

根据这份清单，你可能只需要微调当前的习惯，也可能是需要进行大规模的改造。不管怎么说，以我的经验为鉴，一步一个脚印。大多数变革必须到了难以忍受的地步才开始于你有益。当然，我不建议你把这个清单变成另一个让你倍感压力的生产力妙招集。

所有这些行动都有科学研究和我自己的个人经验支撑。它们可能对你有用。但是，如果它们对你没有用，或者如果你无法执行其中的某一个，那也完全没问题。这一切的要义在于简化你的生活并增强你的幸福感，而不是增添另一个焦虑的来源。

从某种意义上说，这些建议中的每一条都是关于时间管理的，但却不是为了追求更高的效率。最重要的信息就是：停止用时间换取金钱。为一小时贴上价签的简单行为使我们厌恶浪费哪怕一分钟，而且你的钱越多，你的时间就越昂贵，你就越觉得自己没有足够的时间。我们如今的时间感已经被严重扭曲了。

当你在潜意识里认为不高效就是在浪费金钱时，休闲就成了压力。然而，如果你的最终目标之一是幸福快乐，那么追求更高的收入并不一定能让你抵达理想中的终点。不妨考虑一下其他选择。

是时候不再将你的非工作时间视为潜在的赚钱时间了，这是不值得的。你不能为你的自由时间设定货币价值，因为你将用你的精神和身体健康去支付。

不要让公司的价值观决定你的时间安排和优先事项。你是一个头脑发达的社交动物，目前却被不现实的要求和期望所束缚。你的目光长期以来一直紧盯在你的工作和你的商业价值上，但是你作为一个人的内在价值更多地体现于你在社区中的地位，而不在于你作为劳动者的盈利能力。

不要再试图向他人证明什么。拿回你的时间，拿回你的人性。

结　论

我们改变环境的速度远超我们改变自己的速度。

——沃尔特·李普曼（Walter Lippmann）

我母亲得到她的第一台微波炉的那一天，仍然历历在目。我妈妈是个寡妇，独自抚养四个孩子，虽然她的许多育儿方法都是值得商榷的，但她非常努力这一点是不可否认的。有一年在她的生日，我的大姐建议我们大家凑钱给她买台微波炉。

那一定是 20 世纪 70 年代末的事，因为我当时才八岁，可能对购买微波炉没贡献多少。我是四个孩子里的老幺。我姐姐买好、包好了微波炉，我还记得我们看着母亲打开包装时那种抑制不住的兴奋。

那台机器太不可思议了！用微波炉加热一罐汤只需要几分钟，用炉子的话则需要 10～15 分钟。需要用到的碟子也更少了，可以直接把汤倒在吃饭的碗里，可以把炖锅省了。在我很小的时候，我就知道那台机器可以为母亲节省很多时间，而且我也知道，我母亲从来没有完成过她的任务清单。

不过现在回想起来，我母亲做日常家务的时间明显少于我的外婆。我的外婆还要在院子里的绳子上晾晒衣服，还要用锅煮咖啡然后用筛子过滤。她用刷牙粉而不是牙膏，长筒袜钩破了还得缝补。我的曾祖母没有冰箱，冰块还得从卖冰人那里买。

在非常短的时间内，生活已经变得难以估量得容易和舒适。我们会想当然地认为生活就是如此便利，直到某个电器发生故障时，才突然意识到我们是多么依赖我们的洗衣机或集中供暖装置。

毋庸置疑，我们人类将会继续改善我们的生活，因为让一切变得更美好的进取心是与生俱来的。把一群人足够长的时间单独置于一个特定的地方，最终他们将着手改善生活环境或提高生活质量。

想一想我们现在的标准比 100 多年前提高了多少。在众多关于专业水平的研究中，美国和比利时的研究人员指出，在许多领域达到“专家”水平比以往任何时候都要困难。他们写道：“1896 年奥运会马拉松比赛的最快时间仅比波士顿马拉松（1990 年）等大型马拉松比赛的达标参赛时间快一分钟。”

即使在专业水平更加难以衡量的非竞赛领域，现代从业者也超过了他或她的前辈们。研究报告指出：“柴可夫斯基要求当时最伟大的两位小提琴家演奏他的小提琴协奏曲，他们拒绝了，认为乐谱无法演奏。今天，精英小提琴家认为这首协奏曲只是标准曲目的一部分。”科学家们声称，即使是人称“魔鬼的小提琴家”和“大师中的大师”的传奇小提琴家帕格尼尼（Paganini），“放在现代音乐会的舞台上也会显得狼狈不堪。”

这一切都说明，努力追求更高水平的表现的冲动本身是好的。我们是早熟的动物。人类总想取得比父辈和祖辈更多的成就；这种冲动对我们很有益。

然而，我们在许多领域停滞不前，甚至在婴儿死亡率、收入平等和环境安全等方面有所退步。我们努力把进步制度化、指标化、可衡量化，然而这却扰乱了我们进步的能力。事实证明，人类的创新和发明是不能被权衡、剖析和勉强的。

我们试图强迫创新，试图制造创造力。在过去的几十年里，工业化国家从以制造业经济为主过渡到以知识经济为主，对创造力的注重进一步提高。经济合作与发展组织敦促教育工作者“培养学生的创造力和批判性思维能力”。

但是，创建专门提高创造力的项目是很困难的，甚至是不可能的，而追踪创造力也同样棘手。你怎么知道一个孩子在一学年里是否变得更有创造力？又该如何衡量？作者奥发拉特·利夫尼（Ephrat Livni）评论说，领导人似乎对让创造力“独立发展没有多大兴趣。相反，创造力正在被量化、剖析和测试，被培养和衡量”。

创造力是所有创新、发明和进步的核心，因此，它是一项核心的技能。然而，依靠长时间的工作或大量的咖啡因或专门设计的计算机设备并不能提升创造力。创造力不能被制度化。大多数时候，新发明的出现是为了解决问题，而不是因为有人有时间“勇于创新”。关键是要创造一个最有可能触发大脑创造力的环境。

现在很多人都很注重幸福，也许是因为很多人都不幸福。其实经济增长与人类幸福或健康没有关系。过去 20 年我们见证了俄罗斯经济的惊人增长，然而俄罗斯人目前的死亡年龄甚至比苏联时期还低。20 世纪 80 年代以来，俄罗斯的预期寿命已经下降了 40%。约翰·卡乔波（John Cacioppo）和威廉·帕特里克（William Patrick）在《孤独》（*Loneliness*）一书中写道：“水涨自然船高。但社会上充斥着孤立的文化，社会经济剧烈动荡，巨大的不平等加剧了分裂，水涨也可能淹没数百万人。”

数百万人现在正在被淹没。

直截了当地说吧：加倍努力工作并不能解决这个问题。我们已经讲过可以帮助个人的方法。现在让我们来谈谈可能帮助世界的解决方案。

首先，让我们为“白手起家”的神话画上终止符。不论男女，没有人能仅靠自己的智慧和努力就能取得神话般的成功，即使在小说中也是如此。每个人都获得了帮助和一点点的运气。从贫民窟到富人区的童话故事可能使你相信，只要你再努力一点，要求再高一点，你就会抵达不可思议的高度。如果你能牺牲你的周末，每天五点起床，你就会得到豪宅、要职和高薪。这些之后是什么，是幸福还是欣喜，没人能说准。

毫无疑问，现如今许多的首席执行官和百万富翁工作都非常努力，但现如今数百万生活在贫困线以下的人也非常努力。努力工作令人钦佩，但统计数据显示它并不是改变你生活的灵丹妙药。

历史学家已经注意到，“白手起家”的幽灵服务于一个重要的资本主义目的：让那些当权者控制了激励员工的话语权。《大西洋》杂志副主编约翰·斯旺斯伯格说，关于本杰明·富兰克林和安德鲁·卡内基（Andrew Carnegie）神话化的故事“是对成功和失败的一种解释。如果成功是一个人良好性格的表现，那么失败一定是他性格软弱的证据”。因此，对评判的恐惧迫使许多人投入越来越多的时间以获得“值得赞扬”的评价。白手起家的童话故事是羞辱文化的一部分。

请记住，这个曾说过“比你应尽的本分多做一些，未来自然会更顺利”的安德鲁·卡内基，曾为他雇用的钢铁工人维持 12 小时工作制而不是 8 小时竭力抗争过。很少有工作像 20 世纪初的钢铁厂那样，对体力劳动有着过分苛刻甚至危险的要求。

我们毫不怀疑地接受了生活中的许多事情，认为“事情本该如此”。现在是时候重新评估某些支配我们生活的原则和优先事项了。白手起家的理想就是其中之一。

另一个是追求消费经济的持续增长。持续增长是不可能的，然而我们的工作、退休基金和国家财政安全都需要增长来维持健康。正如凯特·拉沃斯（Kate Raworth）在 2018 年的 TED 演讲中所说：“我们的经济需要增长，无论我们是否能茁壮成长，而我们所需要的，特别是在最富有的国家，是我们都能茁壮成长，无论经济是否增长。”

在全球范围内，我们沉迷的不只是股票市场、利润空间以及国内生产总值（GDP）的增长，也不只是更高的收入以及更大的房子和汽车。我们已经把这种对持续增长的崇拜根植在我们的心灵深处。我们相信我们可以而且应该不断努力提升自我，不断修补自我。我们相信这是一次永不登顶的攀登。

结　论

虽然我们可能觉得，那些带我们走进这个注意力分散时代的力量——时间压力、高强度的生产力和令人偏执的效率——无孔不入，过于强大了，但对长时间工作和强迫性生产的要求是相对新近的。过去的 200 年只是我们这个物种进化过程中的一次眨眼。我们可以选择回归一种能够帮助我们茁壮成长的生活方式。

我们可以养成新的习惯，更好地适应我们与生俱来的归属感、对伴侣的渴求以及天马行空的想象能力。要实现这种新的模式，我们需要对个人优先事项做出实质性的改变，并最终制定新的经济要务和政策。

我们早该放弃只有时时刻刻都在工作才能获得稳定和舒适的想法了。我们是想让我们的孩子和后代这样生活，还是希望他们有更多的空间去呼吸、放松、思考和享受他人的陪伴？我们为自己和我们所爱的人设想的世界是怎样的呢？

归根结底，这是一个道德问题。在《商业道德杂志》（*Journal of Business Ethics*）上发表的一项研究中，心理学家蒂姆·卡塞尔（Tim Kasser）和肯农·谢尔顿（Kennon Sheldon）展示了高薪并不能保证生活更幸福的证据，并思考如何处理这些信息。毕竟，大多数公司是围绕着相反的原则构建的，所以他们用加薪和奖金来奖励员工，用减少工作时间、罚款甚至无补偿的解雇来惩罚违规者。

“鉴于经济奖励可能会削弱追求活动的内在动机和乐趣，”卡塞尔和谢尔顿问道，“公司主要通过加薪和奖金等经济手段来奖励员工是否符合道德？”根据一个人的薪资来判断这个人的价值是否符合道德？收入最高的员工总是最聪明、最有创造力、最有生产力的吗？

我认为答案显然是否定的。人类是社会性动物，只有在与他人相联系时才能处于最佳状态。协作就是我们的超能力。也许我们可以营造一种人际关系优先于生产力的文化。人类拥有强大的快乐能力。我希望看到我们把快乐作为一个目标。

这个项目开始时我只想改善我自己的生活，我已经做到了。我的日常生活已经发生了翻天覆地的变化。甚至我的医生都说我的皮质醇水平下降了。我不像一年前那么焦虑了，而且工作效率也没有降低。在个人层面上，研究是有用的，实验是成功的。

但归根结底，这不止关乎我。让我的时间表超负荷的并不是我的选择，而是努力工作的文化。这种文化使我相信只要停止工作——哪怕是很短的时间——我就是懒惰的。因此，解决方案并非来自于我的个人选择，而是来自于要改变集体选择的范式。

希望我们能够重拾早期人类的一点：庆祝我们身上最人性化的特质。正是我们的反思性思维和社会联系使我们独特而强大。笛卡尔（Descartes）说：**Cogito ergo sum/我思故我在**。他没有说：**Laboro ergo sum/我劳故我在**。

200 多年前，规则被改写了。现在是时候再次被改写了。

致　谢

我所在的一些行业中，得到认可的只有一两个人，但他们身后却有着数百人组成的团队的付出。广播和歌剧如此，图书出版也是如此。非常感谢我的经纪人 Heather Jackson，她在 2016 年的一天突然给我打电话说：“嘿，你认为你可以写一本书吗？”她的支持和友谊将我提升到了从未梦想过的高度。感谢优秀的编辑 Michele Eniclerico，她从一开始就能理解本书的内容，并为编好它而付出了辛勤的努力。感谢 Harmony Books 和 Penguin Random House 的整个团队。

感谢许多才华横溢的朋友，他们抽出时间回答我的问题，并致力于理解世界和帮助他人理解世界：Silvia Bellezza、Juliana Schroeder、Nelson Lichtenstein（容忍了我在火车上的糟糕网络）、Rachel Simmons、Jared Yates Sexton、Graeme Maxton、Roy Baumeister、Nicholas Epley 和 Adam Grant。非常感谢我的朋友 Gillian Sandstrom，她陪我在科尔切斯特待了几天，允许我参观她的研究项目。

感谢虽然不读我的书但总是愿意与我谈论困难话题的 Pete；感谢善解人意并与我一起走过图书写作之旅的 Carol；感谢我坐火车环游全国时在芝加哥认识的 Beth；感谢近 20 年来我生命中最可靠的 Doug。

我碰巧拥有整个世界上最好的团队，当我搞砸了，在周末发送工作邮件时，他们也没有抱怨。Triple 7 的 Ashley、 Kayce、Alexis，还有一个所有人喜欢的最佳伙伴和朋友 Cynthia Sjoberg。每个人的生活中都应该有一个 Cynthia。

感谢 Theresa，我最好的朋友，在我们的友谊和你的支持下，有太多值得感激的了。然后，最重要的是，感谢我的儿子。他是知道原因的，因为我跟他讲了一遍又一遍。

参考文献

引言

[1] “Our level of happiness may change”: Alex Lickerman, “How to Reset Your Happiness Set Point,” *Psychology Today,* April 21, 2013.

[2] “the only animal whose desires”: Henry George, *Progress and Poverty* (New York: D. Appleton & Co, 1879), 98.

[3] We chose not to take 705 million vacation days: U.S. Travel Association, “State of American Vacation 2018,” May 8, 2018.

[4] And yet research reveals that what most parents actually want: Lucia Ciciolla, Alexandria S. Curlee, Jason Karageorge, and Suniya S. Luthar, “When Mothers and Fathers Are Seen as Disproportionately Valuing Achievements: Implications for Adjustment Among Upper Middle Class Youth,” *Journal of Youth and Adolescence* 46, no. 5 (May 2017): 1057–75.

[5] Suicide rates among teens: Jean M. Twenge, Thomas E. Joiner, Mary E. Duffy, A. Bell Cooper, and Sarah G. Binau, “Age, Period, and Cohort Trends in Mood Disorder Indicators and Suicide-Related Outcomes in a Nationally Representative Dataset, 2005–2017,” *Journal of Abnormal Psychology,* March 14, 2019.

[6] “I can hunch over my computer screen”: Dan Pallotta, “Worry Isn’t Work,” *Harvard Business Review,* August 20, 2010.

[7] The Greeks work more hours: “Average annual hours actually worked per worker,” Stats.OECD.org.

[8] “Leisureliness”: Linton Weeks, “Lazy in America: An Incomplete Social History,” NPR.org, July 1, 2011.

第一章　现代人的节奏

[9] “We are enslaved by speed”: “The Slow Food Manifesto,” *SlowFoodUSA.org.*

[10] “Slow travel now rivals”: Carl Honoré, “In Praise of Slowness,” Ted.com, July 2005.

第二章　蒸汽机时代

[11] “as just part of their daily activities”: Allison George, “The World’s Oldest Paycheck Was Cashed in Beer,” *New Scientist,* June 22, 2016.

[12] medieval peasants worked no more than eight hours a day: James E. Thorold Rogers, *Six Centuries of Work and Wages: The History of English Labour* (London: M. P. Swan Sonnenschein, 1884).

[13] “The age had its drawbacks”: Ibid., p. 69.

[14] most serfs owed “day-a-week”: Henry Stanley Bennett, *Life on the English Manor: A Study of Peasant Conditions, 1150–1400* (Cambridge: Cambridge University Press, 1937).

[15] “The laboring man will take his rest”: Juliet B. Schor, *The Overworked American: The Unexpected Decline of Leisure* (New York: Basic Books, 1992).

[16] “Companies now needed workers’ time”: Tony Crabbe, “A Brief History of Working Time—And Why It’s All About Attention Now,” inews.co.uk, April 18, 2017.

[17] Paul Revere was an accomplished silversmith: Nelson Lichtenstein, interview with the author, June 28, 2018.

[18] in 1858, an article first used *efficiency* to mean: *Online Etymology Dictionary,* s.v. “efficiency,” accessed July 30, 2018.

[19] “crazy, tumble-down old house”: John Forster, *The Life of Charles Dickens* (London: Virtue & Co, 1876), 10.

[20] “The Industrial Revolution ultimately”: Rick Bookstaber, “Class Warfare and Revolution (Circa 1850),” Rick.Bookstaber.com, November 8, 2011.

[21] "to recover what his ancestor": Thorold Rogers, *Six Centuries of Work and Wages.*

[22] "In the last months of the year 1918": Stephen Bauer, "The Road to the Eight-Hour Day," *Monthly Labor Review,* August 1919.

[23] "An alarming number of workers": Stanley Aronowitz and William DiFazio, *The Jobless Future* (Minneapolis: University of Minnesota Press, 2010), 336.

第三章　职业道德

[24] "Remember that *time* is money": Benjamin Franklin, "Advice to a Young Tradesman," in George Fisher, *The American Instructor: Or Young Man's Best Companion,* 9th ed. (Philadelphia, 1748), quoted in Max Weber, *The Protestant Ethic and the Spirit of Capitalism,* trans. Talcott Parsons (New York: Charles Scribner's Sons, 1958), "The Spirit of Capitalism," ch. 11, p. 48.

[25] "My theory of self-made men": Frederick Douglass, "Self-Made Men," a lecture from 1872, available at monadnock.net/douglass/self-made-men.html.

[26] "His Excellency is certainly": Quoted in Anne Curzan, "Just Try That with Your Bootstraps," *Chronicle of Higher Education,* March 7, 2017.

[27] "Beliefs in the American Dream": Michael W. Kraus and Jacinth J. X. Tan, "Americans Overestimate Social Class Mobility," *Journal of Experimental Social Psychology,* May 2015.

[28] A separate study from Princeton revealed: Martin V. Day and Susan T. Fiske, "Movin' On Up? How Perceptions of Social Mobility Affect Our Willingness to Defend the System," *Social Psychological and Personality Science,* November 22, 2016.

[29] nearly 70 percent of citizens believe: Pew Charitable Trusts, "Economic Mobility and the American Dream—Where Do We Stand in the Wake of the Great Recession?" May 2011.

[30] "Is it a healthy myth that inspires": John Swansburg, "The Self-Made Man: The Story of America's Most Pliable, Pernicious, Irrepressible Myth," *Slate,*

September 29, 2014.

[31] "When asceticism was carried out": Weber, *The Protestant Ethic and the Spirit of Capitalism,* 181.

[32] "until the last ton": Ibid.

[33] "Work is our sanity": Henry Ford, *My Life and Work* (Garden City, NY: Doubleday, Page, Garden, 1923), 74.

[34] experts predict that by 2035: Allen Downey, "The U.S. Is Retreating from Religion," *Scientific American,* October 20, 2017.

[35] "Our society measures personal worth": Rebecca Konyndyk DeYoung, *Glittering Vices: A New Look at the Seven Deadly Sins and Their Remedies* (Grand Rapids, MI: Brazos Press, 2009).

[36] "For the first time since his creation": John Maynard Keynes, *Economic Possibilities for Our Grandchildren* (1930; repr., London: Palgrave Macmillan, 2010).

[37] "This prediction is not so much": Karl Widerquist, "John Maynard Keynes: Economic Possibilities for our Grandchildren," *Dissent,* Winter 2006.

[38] "By the late 1950s": Schor, *The Overworked American.*

[39] "when we reach the point": "Prof. Huxley Predicts 2-Day Working Week," *New York Times,* November 17, 1930.

[40] "The benefits of productivity": Nelson Lichtenstein, interview with the author, June 28, 2018.

[41] "The Greatest Generation thought": Jared Yates Sexton, interview with the author, July 3, 2018.

[42] "If anything, time is used": Gary S. Becker, "A Theory of the Allocation of Time," *Economic Journal* 75, no. 299 (September 1965): 493–517.

第四章 时间就是金钱

[43] Consider for a moment this experiment: Sanford E. DeVoe and Julian House,

"Time, Money, and Happiness: How Does Putting a Price on Time Affect Our Ability to Smell the Roses?" *Journal of Experimental Social Psychology,* July 14, 2011.

[44] "Ever since a clock was first used": "Why Is Everyone So Busy?" *Economist,* December 20, 2014.

[45] "The more cash-rich": Magali Rheault, "3 in 10 Working Adults Are Strapped for Time in the U.S.," *Business Insider,* July 20, 2011.

[46] when it comes to sheer number of hours: "Hours Worked," Data.OECD .org.

[47] A number of agencies in Europe: Eurofound, "Work-Related Stress," *European Foundation for the Improvement of Living and Working Conditions,* November 21, 2010.

[48]The productivity expert Laura Vanderkam: Laura Vanderkam, *Off the Clock: Feel Less Busy While Getting More Done* (New York: Portfolio, 2018).

[49] "yuppie kvetch": Daniel S. Hamermesh and Jungmin Lee, "Stressed Out on Four Continents: Time Crunch or Yuppie Kvetch?" *Review of Economics and Statistics,* May 2007.

[50] "many American employees are near": "Study: U.S. Workers Burned Out," ABC News, May 16, 2001.

[51] the payroll services company Paychex: "Workplace Stress Is on the Rise," Paychex, March 1, 2017.

[52] "overworked, pressured, and squeezed": Bronwyn Fryer, "Are You Working Too Hard?" *Harvard Business Review,* November 2005.

[53] "cyberslacking": Roland Paulsen, "The Art of Not Working at Work," *Atlantic,* November 3, 2014.

[54] "Polluted time": Josh Fear, "Polluted Time: Blurring the Boundaries Between Work and Life," Australia Institute, November 19, 2011.

[55] Plus, it's likely that Tiny Tim's ailment: Stephanie Pappas, "Dickensian Diagnosis: Tiny Tim's Symptoms Decoded," *LiveScience,* March 5, 2012.

[56] "unifying faith of industrial civilization": Christopher Ketcham, "The Fallacy of Endless Economic Growth," *Pacific Standard,* May 16, 2017.

[57] "We have this 'common sense' belief": Graeme Maxton, interview with the author, July 11, 2018.

[58] "Parents are devoting less attention": Schor, *The Overworked American,* p. 5.

[59] "We actually could have chosen": Ibid., p. 2.

[60] "If you find yourself": Max Nisen, "18 People Whose Incredible Work Ethic Paid Off," *Business Insider,* October 11, 2013.

[61] "Everyone wants to be a model employee": Dan Lyons, "In Silicon Valley, Working 9 to 5 Is for Losers," *New York Times,* August 31, 2017.

[62] "Working nineteen hours a day every day": Gary Vaynerchuk, "The Straightest Road to Success," GaryVaynerchuk.com, 2015.

[63] "One of my colleagues said of another": Jared Yates Sexton, interview with the author, July 3, 2018.

[64] "It's easy and alluring to say to yourself": Dorie Clark, "The Truth Behind the 4-Hour Workweek Fantasy," *Harvard Business Review,* October 4, 2012.

[65] "Don't tell me that there's something": Daniel Heinemeier Hansson, "Trickle-Down Workaholism in Startups," *SignalvNoise,* May 30, 2017.

[66] "For years, we've been told": Liz Alderman, "In Sweden, an Experiment Turns Shorter Workdays into Bigger Gains," *New York Times,* May 20, 2016.

[67] "Work has become more than work": Silvia Bellezza, interview with the author, June 15, 2018.

[68] "creating zones of privacy": Ethan S. Bernstein, "The Transparency Paradox: A Role for Privacy in Organizational Learning and Operational Control," *Administrative Science Quarterly,* July 2012.

[69] "Leisure": Henry Ford, "Why I Favor Five Days' Work with Six Days' Pay," *World's Work,* October 1926, interview by Samuel Crowther.

[70] In the 1800s, many European governments: Sheldon Garon, "Why We

Spend, Why They Save," *New York Times,* November 24, 2011.

[71] "The biggest gift that the United States could get": Larry Light, "Why Holiday Shopping Is So Important for the U.S. Economy," CBS News, November 28, 2016.

[72] "The answer to America's economic problems": Roger Simmermaker, "Why Buying American Can Save the U.S. Economy," *New York Times,* September 16, 2011.

[73] "conspicuous abstention from labor": Thorstein Veblen, *The Theory of the Leisure Class: An Economic Study of Institutions* (1899; repr., Oxford: Oxford University Press, 2007), ch. 3, "Conspicuous Leisure," p. 30.

[74] someone wearing a Bluetooth headset: Silvia Bellezza, Neeru Paharia, and Anat Keinan, "Conspicuous Consumption of Time: When Busyness and Lack of Leisure Time Become a Status Symbol," *Journal of Consumer Research,* June 2017.

[75] "Leisure held the first place": Veblen: *The Theory of the Leisure Class,* ch. 3, "Conspicuous Consumption," p. 74.

[76] "harried leisure class": Staffan B. Linder, *The Harried Leisure Class* (New York: Columbia University Press, 1970).

[77] "The average consumer": Lorenzo Pecchi and Gustavo Piga, eds., *Revisiting Keynes: Economic Possibilities for Our Grandchildren* (Cambridge, MA: MIT Press, 2010).

[78] "When people are paid more": Becker, "A Theory of the Allocation of Time," 493–517.

[79] "When I was a kid": Graeme Maxton, interview with the author, July 11, 2018.

[80] A survey of golfers in 2015: Michael Roddy, "A Round of Golf Takes Too Long to Play, Survey Finds," Reuters, April 27, 2015.

[81] "One reason over a trillion dollars a year": J. R. Benjamin, "Is There a

Universal Human Nature?" *The Bully Pulpit* (blog), February 22, 2013.

第五章 把工作带回家

[82] "the cult of efficiency from office to home": Arlie Russell Hochschild, *The Time Bind* (New York: Henry Holt and Co., 1997), 50.

[83] "What I see is that we've taken": Andrew Taggart, "Life Hacks Are Part of a 200-Year-Old Movement to Destroy Your Humanity," *Quartz,* January 23, 2018.

[84] even when the computer is used only to take notes: Pam A. Mueller and Daniel M. Oppenheimer, "The Pen Is Mightier Than the Keyboard: Advantages of Longhand over Laptop Note Taking," *Psychological Science,* April 23, 2014.

[85] "The research is unequivocal": Susan Dynarski, "Laptops Are Great. But Not During a Lecture or a Meeting," *New York Times,* November 22, 2017.

[86] "We adopt the illusion": Taggart, "Life Hacks Are Part."

[87] "could be applied with equal facility": Scott Cutlip, *The Unseen Power: Public Relations, a History* (Hillsdale, NJ: Lawrence Erlbaum Associates, 1994), 168.

[88] "Those who manipulate this unseen mechanism": Edward Bernays, *Propaganda* (Brooklyn: IG Publishing, 1928), 9–10.

[89] "The most pernicious thing": Oliver Burkeman, "Why You Feel Busy All the Time (When You're Actually Not)," BBC.com, September 12, 2016.

[90] "The goal was never to be idle": Tim Ferriss, "24 Hours with Tim Ferriss: A Sample Schedule," Tim.blog, March 10, 2008.

[91] "Maybe all the time I spend": John Pavlus, "Confessions of a Recovering Lifehacker," Lifehacker.com, May 29, 2012.

[92] "The courts are empty": Myron Medcalf and Dana O'Neil, "Playground Basketball Is Dying," *ESPN,* July 23, 2014.

[93] membership has declined: Peter Lewis, "Unions, Clubs, Churches: Joining

Something Might Be the Best Act of Resistance," *Guardian,* November 22, 2016.

[94] Parents are now afraid: "Why Is Everyone So Busy?"

[95] "type of introspective thought process": Mary Helen Immordino-Yang, Andrea McColl, Hanna Damasio, and Antonio Damasio, "Neural Correlates of Admiration and Compassion," *Proceedings of the National Academy of Sciences,* May 12, 2009.

[96] conserve our "psychic energy": Georg Simmel, *The Metropolis and Mental Life* (Brooklyn: Wiley-Blackwell, 1903).

第六章　最忙碌的性别

[97] we are slower at completing tasks: American Psychological Association, "Multitasking: Switching costs," *APA.org,* March 20, 2006.

[98] "Heavy multitaskers" have the same trouble: Ira Flatow, "The Myth of Multitasking," *Talk of the Nation*, NPR, May 10, 2013.

[99] "suggest that women might find it easier": S. V. Kuptsova et al., "Sex-and Age-Related Characteristics of Brain Functioning During Task Switching (fMRI Study)," *Human Physiology,* August 18, 2016.

[100] "Because the first thing": Patti Neighmond, "Study: Multitasking Multistressful for Working Moms," *Morning Edition*, NPR, December 2, 2011.

[101] "These women worked like crazy in school": Larissa Faw, "Why Millennial Women Are Burning Out at Work by 30," *Forbes,* November 11, 2011.

[102] "Gwen's stories are more like situation comedies": Arlie Russell Hochschild, *The Time Bind* (New York: Henry Holt and Co., 1997), 12.

[103] "[She] came to my room": Carol Lloyd, "Grade Grubbing: When Parents Cross the Line," GreatSchools.org, June 21, 2018.

[104] men stay on the job for about: Danielle Paquette, "Men Say They Work

More Than Women. Here's the Truth," *Washington Post,* June 29, 2016.

[105] "Men feel more satisfied": Niharika Doble and M. V. Supriya, "Gender Differences in the Perception of Work-Life Balance," *Management,* Winter 2010.

[106] "One of the worst career moves": Claire Cain Miller, "The Motherhood Penalty vs. the Fatherhood Bonus," *New York Times,* September 6, 2014.

[107] working moms are *less* stressed: Sarah Damaske, Joshua M. Smyth, and Matthew J. Zawadzki, "Has Work Replaced Home as a Haven? Re-examining Arlie Hochschild's *Time Bind* Proposition with Objective Stress Data," *Social Science and Medicine,* August 2014.

第七章　为工作而生

[108] "Work becomes the object in itself": Davide Cantoni, "The Economic Effects of the Protestant Reformation: Testing the Weber Hypothesis in the German Lands," *Journal of the European Economic Association,* November 24, 2014.

[109] "rewards, punishments, or obligation": Cody C. Delistraty, "To Work Better, Work Less," *Atlantic,* August 8, 2014.

[110] "I can't have downtime": Rachel Simmons, "Why Are Young Adults the Loneliest Generation in America?" *Washington Post,* May 3, 2018.

[111] "idleness is potentially malignant": Christopher K. Hsee, Adelle X. Yang, and Liangyan Wang, "Idleness Aversion and the Need for Justifiable Busyness," *Psychological Science,* July 2010.

[112] "A lot of people derive meaning": Andrew Taggart, "Our 200-Year-Old Obsession with Productivity," *International Policy Digest,* February 6, 2018.

[113] "I don't know *how* to retire": Ann Brenoff, "So Why Are Baby Boomers Still Working?" *HuffPost,* May 15, 2018.

[114] "Hard work is the only way forward": Lorenzo Pecchi and Gustavo Piga, eds., *Revisiting Keynes: Economic Possibilities for Our Grandchildren* (Cambridge, MA: MIT Press, 2010).

[115] damage caused by *not* having a job: Gordon Waddell and A. Kim Burton, *Is Work Good for Your Health and Well-Being?* (London: Stationery Office, 2006).

[116] even the most urgent of issues at work: Shankar Vedantam, "When Work Becomes a Haven from Stress at Home," *Morning Edition*, NPR, July 15, 2014.

[117] Still, we know that for every extra year: Carole Dufouil et al., "Older Age at Retirement Is Associated with Decreased Risk of Dementia," *European Journal of Epidemiology,* May 4, 2014.

[118] Consider this updated list of human needs: Nicole Gravagna, "What Are Fundamental Human Needs?" *Quora,* November 6, 2017.

[119] "If you look at energy consumed": J. Aguilar et al., "Collective Clog Control: Optimizing Traffic Flow in Confined Biological and Robophysical Excavation," *Science,* August 17, 2018.

[120] "We're not focusing on the right thing": "Workers Embrace Four-Day Week at Perpetual Guardian," *NZ Herald,* March 30, 2018.

[121] "The first person who thought of putting": Fred Gratzon, *The Lazy Way to Success: How to Do Nothing and Accomplish Everything* (Fairfield, IA: Soma Press, 2003), 43.

[122] link between a lack of activity and deeper thinkers: Todd McElroy et al., "The Physical Sacrifice of Thinking: Investigating the Relationship Between Thinking and Physical Activity in Everyday Life," *Journal of Health Psychology,* January 20, 2015.

[123] Decades of research demonstrate: John Kounios and Mark Beeman, "The Aha! Moment: The Neural Basis of Solving Problems with Insight,"

Creativity Post, November 11, 2011.

[124] “Once you start daydreaming”: Manoush Zomorodi, “What Boredom Does to You,” *Nautilus,* October 23, 2018.

[125] “could be the crux of what makes humans different”: Ibid.

第八章　真正的人性

[126] “There is something biologically given”: “Human Nature: Justice Versus Power,” a debate between Noam Chomsky and Michel Foucault, 1971, Chomsky. info./1971xxxx.

[127] nearly all research subjects used for studies: Jeffrey J. Arnett, “The Neglected 95%: Why American Psychology Needs to Become Less American,” *American Psychologist,* October 2008.

[128] can identify their cry: James A. Green and Gwene E. Gustafson, “Individual Recognition of Human Infants on the Basis of Cries Alone,” *Developmental Psychobiology,* November 1983.

[129] he asked people to listen: Michael W. Kraus, “Voice-Only Communication Enhances Empathic Accuracy,” *American Psychologist,* October 2017.

[130] “So people were accurate”: Carey Goldberg, “Study: To Read Accurately How Someone Is Feeling, Voice May Be Best,” *CommonHealth,* WBUR.org, October 10, 2017.

[131] claims we spend about fifty-five: TextRequest, “How Much Time Do People Spend on Their Mobile Phones in 2017?” Hackermoon.com, May 9, 2017.

[132] had one student tell a story about a fiasco: Greg J. Stephens, Lauren J. Silbert, and Uri Hasson, “Speaker-Listener Neural Coupling Underlies Successful Communication,” *Proceedings of the National Academy of Sciences,* August 10, 2017.

[133] researchers taught monkeys to pull a chain: Roy Baumeister and Mark R. Leary, “The Need to Belong: Desire for Interpersonal Attachments as a Fundamental Human Motivation,” *Psychological Bulletin,* May 1995.

[134] "Belongingness needs do not emerge": Ibid.

[135] Forty-two married couples: Janice K. Kiecole-Glaser et al., "Hostile Marital Interactions, Proinflammatory Cytokine Production, and Wound Healing," *Archives of General Psychiatry,* December 2005.

[136] "Without sustained social interaction": Atul Gawande, "Hellhole," *The New Yorker,* March 23, 2009.

[137] "The empathy of our closest evolutionary": Frans de Waal, "Does Evolution Explain Human Nature?" John Templeton Foundation, April 2010, templeton.org/evolution/Essays/deWaal.pdf.

[138] declines in empathy have been recorded: Paula Nunes et al., "A Study of Empathy Decline in Students from Five Health Disciplines During Their First Year of Training," *International Journal of Medical Education,* February 1, 2011.

[139] "Chimps," Frans de Waal says, "would fight": Frans de Waal, email interview with the author, May 9, 2018.

[140] "Just because we have a capacity": De Waal, "Does Evolution Explain Human Nature?"

第九章　这要怪技术吗

[141] when we pick up tools: Ed Yong, "Brain Treats Tools as Temporary Body Parts," *Discover,* June 22, 2009.

[142] "I think a lot about how jobs": Jared Yates Sexton, interview with the author, July 3, 2018.

[143] "The nanosecond is a billionth": Schor, *The Overworked American.*

[144] Ninety-five percent of them: Nathalie Cohen-Sheffer, "Text Message Response Times and What They Really Mean," *Rakuten Viber* (blog), November 6, 2017.

[145] When scientists at Harvard tested: "Blue Light Has a Dark Side," *Harvard*

Health Letter, August 13, 2018.

[146] Many apps are meant to engage your mind: Jessica C. Levenson et al., "The Association Between Social Media Use and Sleep Disturbance Among Young Adults," *Preventive Medicine,* April 2016.

[147] the more interaction you have with your phone: Myriam Balerna and Arko Ghosh, "The Details of Past Actions on a Smartphone Touchscreen Are Reflected by Intrinsic Sensorimotor Dynamics," *Digital Medicine,* March 7, 2018.

[148] brain splits the two sides into two separate teams: Sylvain Charron and Etienne Koechlin, "Divided Representation of Concurrent Goals in the Human Frontal Lobes," *Science,* April 16, 2010.

[149] The mere presence of a smartphone: Christian P. Janssen et al. "Integrating Knowledge of Multitasking and Interruptions Across Different Perspectives and Research Methods," *International Journal of Human-Computer Studies,* July 2015.

[150] participants were told how zippers work: Matthew Fisher, Mariel K. Goddu, and Frank C. Keil, "Searching for Explanations: How the Internet Inflates Estimates of Internal Knowledge," *Journal of Experimental Psychology,* March 30, 2015.

[151] "I am convinced the Devil lives": Nellie Bowles, "A Dark Consensus About Screens and Kids Begins to Emerge in Silicon Valley," *New York Times,* October 26, 2018.

[152] Steve Jobs famously did not allow: Nick Bilton, "Steve Jobs Was a Low-Tech Parent," *New York Times,* September 10, 2014.

[153] "Our minds are not designed to allow us": Susan Pinker, *The Village Effect* (Toronto: Vintage Canada, 2014).

[154] "We're trying to make the text-based medium": Juliana Schroeder, interview with the author, June 19, 2018.

[155] more people want to quit social media: Ella Alexander, "More People Want to Quit Social Media Than Smoking in 2017," *Harper's Bazaar,* January 4, 2017.

[156] "hijacks our psychological vulnerabilities": Tristan Harris, "How Technology Hijacks People's Minds—from a Magician and Google's Design Ethicist," medium.com/thrive-global/how-technology-hijacks-peoples-minds-from-amagician- and-google-s-design-ethicist-56d62ef5edf3.

[157] "diaper product": Haley Sweetland Edwards, "You're Addicted to Your Smartphone. This Company Thinks It Can Change That," *Time,* April 13, 2018.

[158] "Many young adults turn to the screen": Rachel Simmons, "Why Are Young Adults the Loneliest Generation in America?" *Washington Post,* May 3, 2018.

生活回归一：感知时间

[159] "Resilient systems": Roger L. Martin, "The High Price of Efficiency," *Harvard Business Review,* January–February 2019.

生活回归二：要社交，不要社交媒体

[160] Researchers discovered that many people imagine: Sebastian Dori, Shai Davidai, and Thomas Gilovich, "Home Alone: Why People Believe Others' Social Lives Are Richer Than Their Own," *Journal of Personality and Social Psychology,* December 2017.

[161] "obsessed with creating a perfect artifact": Jared Yates Sexton, interview with the author, July 3, 2018.

[162]"The first draft is the child's draft": Anne Lamott, *Bird by Bird* (New York: Anchor Books, 1995).

[163] "the home has been turned into part of the market": Rachel Simmons, interview with the author, July 3, 2018.

[164] "American students are increasingly being sorted": Steven Singer, "Middle

School Suicides Double as Common Core Testing Intensifies," *HuffPost,* August 2, 2017.

[165] "But did it taste good?": Edward Lee interview with the author, *1A*, NPR, July 2, 2018.

生活回归三：离开办公桌

[166] "Our economies [haven't] been shaped": Ethan Watters, "We Aren't the World," *Pacific Standard,* February 25, 2013, psmag.com.

[167] "buying time promotes happiness": Ashley V. Whillans et al., "Buying Time Promotes Happiness," *Proceedings of the National Academy of Sciences*, August 8, 2017.

[168] "We know from our experience": Ford, "Why I Favor Five Days' Work with Six Days' Pay."

[169] "General recognition of this fact": C. Northcote Parkinson, *Parkinson's Law* (London: John Murray, 1958), 4.

[170] They found that those who put in excessive hours: Raymond Van Zelst and William Kerr, "Some Correlates of Technical and Scientific Productivity," *Journal of Abnormal and Social Psychology,* October 1951.

[171] Historians mostly agree the legend: Paul Garon, "John Henry: The Ballad and the Legend," *The New Antiquarian,* the blog of the International League of Antiquarian Booksellers, December 14, 2009.

[172] "The unit is performing": Liz Alderman, "In Sweden, an Experiment Turns Shorter Workdays into Bigger Gains," *New York Times,* May 20, 2016.

[173] "That's the period of time": Stephanie Vozza, "This Is How Many Minutes of Breaks You Need Each Day," *FastCompany,* October 31, 2017.

[174] "treated as sprints for which": "Desktime for Productivity Tracking," DraugiemGroup.com, December 2017.

[175] experiment conducted at the Berlin Academy of Music: K. Anders Ericsson, Ralf Th. Krampe, and Clemens Tesch-Röer, "The Role of Deliberate

Practice in the Acquisition of Expert Performance," *Psychological Review,* July 1993.

[176] "We thrive on the feeling": Tony Crabbe, "A Brief History of Working Time—And Why It's All About Attention Now," inews.co.uk, April 18, 2017.

[177] In the final tally: American Psychological Association, "Multitasking."

[178] managers couldn't tell the difference: Erin Reid, "Why Some Men Pretend to Work 80-Hour Weeks," *Harvard Business Review,* April 28, 2015.

[179] "What you can't measure": Nelson Lichtenstein, interview with the author, June 28, 2018.

生活回归四：用心休闲

[180] "One key component of an effective break": Amanda Conlin and Larissa Barber, "Why and How You Should Take Breaks at Work," *Psychology Today,* April 3, 2017.

[181] Research shows employees who feel more detached: Sabine Sonnentag, "Psychological Detachment from Work During Leisure Time: The Benefits of Mentally Disengaging from Work," *Current Directions in Psychological Science,* March 2012.

[182] watching cat videos is good for you: David Cheng and Lu Wang, "Examining the Energizing Effects of Humor: The Influence of Humor on Persistence Behavior," *Journal of Business and Psychology,* December 27, 2014.

[183] "Productivity science seems like an organized conspiracy": Derek Thompson, "A Formula for Perfect Productivity: Work for 52 Minutes, Break for 17," *Atlantic,* September 17, 2014.

生活回归五：建立真正的连接

[184] "In the current study": Gillian Sandstrom and Elizabeth W. Dunn, "Is

Efficiency Overrated?: Minimal Social Interactions Lead to Belonging and Positive Affect," *Social Psychological and Personality Science,* September 12, 2013.

[185] few people wave: Nicholas Epley, *Mindwise* (New York: Knopf, 2014), 70.

[186] "The strength of the pack is the wolf": Rudyard Kipling, "The Law for the Wolves," in *A Victorian Anthology, 1837–1895,* ed. Edmund Clarence Stedman (Boston: Houghton Mifflin, 1895).

[187] "However well-informed and sophisticated": James Surowiecki, *The Wisdom of Crowds: Why the Many Are Smarter Than the Few and How Collective Wisdom Shapes Business, Economies, Societies, and Nations* (New York: Anchor Books, 2004), 220.

[188] "Charity is really self-interest masquerading": Anthony de Mello, *Awareness* (New York: Image Books, 1992).

[189] families who donated their deceased loved one's organs: Helen Levine Batten and Jeffrey M. Prottas, "Kind Strangers: The Families of Organ Donors," *Health Affairs,* Summer 1987.

[190] "Anthropologists discovered that early egalitarian": Stephen G. Post, "Altruism, Happiness, and Health: It's Good to Be Good," *International Journal of Behavioral Medicine,* 2005.

生活回归六：放眼未来

[191] "End goals work as ideals to move towards": Steve Pavlina, "End Goals vs. Means Goals," StevePavlina.com, August 23, 2005.

结论

[192] "The fastest time for the marathon": Ericsson, Krampe, and Tesch-Röer, "The Role of Deliberate Practice in the Acquisition of Expert Performance."

[193] "cultivate the creativity and critical thinking": Stéphan Vincent-Lancrin,

"Teaching, Assessing, and Learning Creative and Critical Thinking Skills in Education," *Organisation for Economic Cooperation and Development,* oecd.org/education/ceri/assessingprogressionincreativeandcriticalthinkingskillsineducation. htm.

[194] "develop independently": Ephrat Livni, "The Cult of Creativity Is Making Us Less Creative," *Quartz,* November 7, 2018.

[195] "A rising tide can indeed lift a variety": John T. Cacioppo and William Patrick, *Loneliness: Human Nature and the Need for Social Connection* (New York: Norton, 2008), 264.

[196] "as an explanation for success and for failure": John Swansburg, "The Self-Made Man."

[197] "Given that financial rewards can undermine": Tim Kasser and Kennon M. Sheldon, "Time Affluence as a Path Toward Personal Happiness and Ethical Business Practice: Empirical Evidence from Four Studies," *Journal of Business Ethics,* March 18, 2008.

关于作者

塞莱斯特·海德利是一位屡获殊荣的记者和专业演说家，她是畅销书《会说话：把话说到心里去》（*We Need to Talk: How to Have Conversations That Matter*）和《听闻心理》（*Heard Mentality*）的作者。在她 20 年的公共广播生涯中，她一直是佐治亚州公共广播电台《转念一想》（On Second Thought）节目的执行制片人，并在美国公共广播电台的《告诉我更多》（Tell Me More）、《国家访谈录》（Talk of the Nation）、《全盘考虑》（All Things Considered）、《1A》和《周末版》（Weekend Edition）等节目中担任主播。她还为国际公共广播电台（PRI）和纽约公共电台（WNYC）的全国早间新闻节目《要点》（The Takeaway）担任联合主持人，并在 2012 年主持世界频道的总统大选相关报道。塞莱斯特在 TEDx 演讲中分享了营造更好交谈的 10 条建议，目前总浏览量超过了 2000 万。

塞莱斯特担任正反观点网（procon.org）和倾听优先项目（Listen First Project）的顾问委员会成员，并获得 2019 年媒体创变者奖（2019 Media Changemaker Award）。塞莱斯特与艺术家马苏德·欧路凡尼（Masud Olufani）共同主持美国公共广播公司（PBS）于 2019 年秋季首播的周刊节目《复古报告》（Retro Report）。她也是《广播现场》（Scene on Radio）播客第三季《男人》（Men）篇的联合主持人。她的工作和见解已被《今日》（Today）节目和各种新闻媒体报道，包括《今日心理学》、《时代周刊》、《本质》（*Essence*）、《世界时装之苑》（*Elle*）、《嗡嗡喂》（*BuzzFeed*）、《沙龙》（*Salon*）和《大观》（*Parade*）。塞莱斯特已经为百余家公司、众多会议和大学发表了演讲，包括苹果、谷歌、联合航空公司（United Airlines）、杜克大学（Duke University）、乔巴尼（Chobani）和ESPN。

作为国家公共广播电台的主持人和记者，塞莱斯特采访了来自各行各业的数百位嘉宾。通过工作，她了解到交谈的真正力量及其或弥合差距或加深伤口的能力。在交谈被最小化为短信中的寥寥数字、有意义的沟通和对话普遍缺失的时代，塞莱斯特为几近遗失却弥足珍贵的交谈艺术带来了亟须的光明。